慧闻◎著

☺ 一动气
你就
输了一半

Yidongqi Nijiu Shuleyiban

民主与建设出版社
Democracy & Construction Publishing House

图书在版编目（CIP）数据

一动气，你就输了一半/慧闻著.---北京：民主
与建设出版社，2016.7（2017.11重印）

ISBN 978-7-5139-1170-2

Ⅰ.①一… Ⅱ.①慧… Ⅲ.①情绪 – 自我控制 – 通俗

读物 Ⅳ.①B842.6-49

中国版本图书馆CIP数据核字(2016)第141673号

出 版 人：许久文

责任编辑：李保华

整体设计：曹　敏

出版发行：民主与建设出版社有限责任公司

电　　话：(010)59419778　　59417745

社　　址：北京市朝阳区阜通东大街融科望京中心B座601室

邮　　编：100102

印　　刷：天津嘉杰印务有限公司

版　　次：2016年9月第1版　2017年11月第3次印刷

开　　本：32

印　　张：8.125

书　　号：ISBN 978-7-5139-1170-2

定　　价：32.00元

注：如有印、装质量问题，请与出版社联系。

前 言

一动气，会有什么后果？

一动气，身体很受伤。气伤脑，气伤神，气伤肤，气伤肝，气伤肺，气伤肾，气伤胃，"百病生于气"，一气百病生。

一动气，说话的口气不再平和，出口伤人，伤了他的自尊，人际关系恶化，朋友拂袖而去。

一动气，失去理智，盛怒之下，挥拳相向，最后酿成悲剧，后悔晚矣。

一动气，气不打一处来，拿东西发泄，把东西摔得粉碎，毁了东西又赔钱。

一动气，怒火中烧，就会铤而走险，最终小不忍则乱大谋，功败垂成。

一动气，就会心烦意乱，焦虑急躁，思想混乱，不能集中精力，工作效率大大降低。

一动气，难免发生争吵，家庭就会发生矛盾，夫妻反目成仇。

一动气，怨气冲天，发散的都是负能量，机遇再不光顾你。

……

一动气，你的人生就已输了一半！

我们平时有多少动气的时候？因什么而动气？

有人说："现在的人际关系太复杂了，很难找一个能交心的朋友，想想就气恼。"

有人说："被领导无端地批评了一顿，心里很窝火。"

有人说："努力了，付出了，反而没有得到回报，真让人动气。"

有人说："看到别人的小日子过得好眼馋又嫉妒，想到自己混得不好，觉得心里闷得慌。"

有人说："看到别人一副很有成就感的模样，想想自己觉得不免有点窝囊，于是窝火憋屈。"

仿佛什么都在让我们动气，仿佛我们的人生总有生不完的气。

动气是拿别人的错误惩罚自己，是拿现实的不公折磨自己。动气是和自己过不去，是和现实过不去。世事并不完美，人生当有不足，幸福不幸福，快乐不快乐，关键是看我们用怎样的心态去面对。

顺境与逆境，成功与失败，都是相对的。人生不会事事如意一帆风顺，也不可能总是坎坷不断走倒霉运，没有人一辈子都辉煌，也没有人一辈子都落魄，辉煌与落魄只是一时的，关键是看我们用怎样的心态去面对。

每个人都希望自己做得优秀，过得顺利。可是每当遇到生活中的烦恼与挫折时，有的人就会心浮气躁，甚至暴跳如雷，整天处于悲愤与怒火中，结果一事无成。相反，如果我们能够心平气和地坦然面对一切，并积极地使自己做得更好，用自己的成功化解烦恼和忧愁，这样我们不仅能够取得进步和成功，每一天也都会过得充实而快乐。

气是由现实和别人吐出而你却接到口里的那种东西，你吞下便会反胃，你不理它它就会消散。智慧的人在为人处事时始终秉持不动气的态度，化动气为动力，积极进取，努力奋斗，为开创自己的美好未来而不断前行。

正如弘一大师所说："意粗，性躁，一事无成。心平，气和，千祥骈集。"一个人只有控制好自己的情绪，调节好自己的心态，才能用理智去应对生活中的种种烦恼和挫折，才能承受现代生活的压力和挑战。本书深刻阐述了动气对健康、情感、事业和人生幸福的危害，并提供科学、有效的解决方法，帮助读者以喜悦平和的心态化解情绪波折、人际烦恼、工作压力，完成从动气到争气的改变，收获一个宽舒洒脱、幸福成功的人生。

目 录
Contents

第一章　一动气，你就输了一半

1.一动气就会走向极端　002

2.一动气身体就遭殃　004

3.一动气就损了和气　006

4.一动气就伤了感情　008

5.一动气效率就降低　009

6.一动气机会就跑了　011

7.一动气就会铸成大错　013

8.一动气自己就输了　015

练习心平静：调试心理不动气　017

第二章　中国人，你为什么爱动气

1.心理不平衡想出气　020

2.被人批评有点窝囊气　022

3.压力是座随时爆发的火山　024

4.抱怨人生"怨气冲天"　026

5.妒火中烧气不顺　028

6.一猜二疑三动气　030

7.无端受中伤，实在太气人　032

8.人在江湖漂，想不气都难　034

9.人比人，气死人　037

10.斤斤计较"较"出了气　039

11.为什么世事总是不完美　041

12.莫名的动气只为小事一桩　043

13.有事没事就爱生闲气　045

练习心平静：拔除怒火的导火索　047

第三章　动气是和自己过不去

1.不能饶恕伤害，就是在伤害自己　050

2.人生不是死要面子活受罪　052

3.尺也有所短，寸也有所长　054

4.人非圣贤，孰能无过　056

5.美丑都是福，何必跟容貌斗气　058

6.生活就是一个甜蜜的负担　060

7.要为明天准备，不为昨天哭泣　062

8.不做最好的别人，只做最好的自己　064

9.活着就要对自己好一点　066

练习心平静：善待自己，善待人生　068

第四章　动气是拿别人的错误惩罚自己

1.冲动是魔鬼，谁碰谁后悔　070

2.在自己的错觉认知下气急败坏　072

3.我们有充足的理由愤怒吗　074

4.倔脾气真的改不了吗　076

5.动气是拿别人的错误惩罚自己　078

6.要息怒就避开矛盾的焦点　080

7.动气的时候不要做决定　082

8.不拿别人的错误惩罚自己　　　　　　084

练习心平静：9招全面遏制愤怒　　　　086

第五章　提升自控力，做心平气和的自己

1.情绪可以成就你，也可以毁灭你　　　090

2.情商到了，气就消了　　　　　　　　093

3.揭开情绪背后的动气真相　　　　　　095

4.观察你的"情绪晴雨表"　　　　　　097

5.做心智成熟的自己　　　　　　　　　099

6.再窝火也别乱撒气　　　　　　　　　101

7.找出自己的"情绪温度计"　　　　　104

8.操纵好情绪的转换器　　　　　　　　106

9.我的情绪我做主　　　　　　　　　　108

练习心平静：做自己的情绪调节师　　　110

第六章　会笑的人，一辈子都不会动气

1.哈哈一笑，不再气恼　　　　　　　　114

2.微笑是顺气解闷的养心丹　　　　　　116

3.微笑是化解人际间坚冰的阳光　　　　118

4.微笑是点亮希望的火苗　　　　　　　120

5.微笑是驱散苦难的和风　　　　　　　122

6.心中有尊笑面佛　　　　　　　　　　124

7.生活让我气恼，我还生活笑声　　　　126

8.人生欢喜多少事，笑看天下几多愁　　128

9.笑面人生，如沐春风　　　　　　　　130

练习心平静：心病可用"笑疗"医　　　132

第七章 用脾气去攻打，不如用宽容去征服

1.气上心头，宽容为上　　　　　　　　　134

2.胸襟一宽怒气消　　　　　　　　　　　136

3.以大气替代"小气"　　　　　　　　　138

4.扔掉报复这把双刃剑　　　　　　　　　140

5.放下"仇恨袋"，干戈化玉帛　　　　　142

6.以和气对火气　　　　　　　　　　　　145

7.给个台阶，大家都好看　　　　　　　　147

8.成大事者必有大气度　　　　　　　　　150

9.忍让乃人生大智慧　　　　　　　　　　152

10.做人不必太较真　　　　　　　　　　154

11.闻"批"则喜，和批评你的人交友　　156

12.去除小人心，修炼君子腹　　　　　　158

13.心怀宽容，化解妒气　　　　　　　　160

14.生活因包容而美好　　　　　　　　　163

练习心平静：修炼一颗宽容心　　　　　165

第八章 人间有味是清欢，心美一切皆是美

1.快乐是个好态度　　　　　　　　　　　168

2.栽种快乐的心灵之花　　　　　　　　　170

3.遗忘是一种可贵的养生方法　　　　　　172

4.学会换个角度看世界　　　　　　　　　174

5.向"完美主义"说再见　　　　　　　　177

6.生活是不公平的，适应并接受它　　　　179

7.打开心窗，心情敞亮　　　　　　　　　181

8.气郁于心疾病生，不如宣泄心舒畅　　　183

9.忙碌中的释放   185

10.享受独处的宁静   187

11.拓展兴趣，不再郁郁寡欢   189

12.别为无谓的小事抓狂   192

练习心平静：快乐生活小窍门   194

第九章　让将来的你，感谢现在争气的自己

1.咽下怨气，才能争气   198

2.化愤怒为动力   200

3.高手如云，你只能让自己变得更强大   202

4.充电，给自己增强"底气"   204

5.用别人的打压来鞭策自己   206

6.可以输给别人，不能输给自己   208

7.泄气的常用理由："不可能"   210

8.勇气是通往成功的第一座桥梁   213

9.做自己的观众，给自己鼓掌   215

10.你尽最大努力了吗   217

11.挫折面前不气馁，逆转命运靠争气   219

12.将来的你，会感谢现在不放弃的自己   221

练习心平静：增强信念力的八大方法   223

第十章　一辈子，三万天：不动气的活法

1.匆匆人生一百年，想想动气有多傻   226

2.正视虚荣：在虚实幻影间寻找本真   228

3.正视欲望：知足才能常乐   231

4.正视权位：扰乱心绪的"身外之物"   233

5.正视名利：淡泊人生一身轻　　　　　　　　　　235

6.正视名望："红得发紫"与"名不见经传"　　　237

7.正视福泽：平淡中体会幸福滋味　　　　　　　239

8.正视生命：生活所赐皆感恩　　　　　　　　　241

9.正视生活：简单是生活的真谛　　　　　　　　243

　练习心平静：淡定的活法　　　　　　　　　　245

第一章

一动气，你就输了一半

你是爱动气、容易暴怒的人吗？是不是经常为了一点小事就大动肝火，甚至气得脸红脖子粗、全身发抖呢？

当你觉得那些糟糕的事情让你心情不佳时，会不会觉得动气才是最佳的发泄方式，而且已经习惯这种方式了呢？可是，动不动就动气会导致很多严重的后果：伤身体，伤和气，伤感情，人际关系恶化，事业陷入僵局……一动气，你就输了一半！

1.一动气就会走向极端

当一个人遭遇尴尬、侮辱、被拒绝、不公正的时候，便会产生极大的愤怒，气愤恼火，如果反抗未果，则会变成失望，最后变成绝望。

现实中有这样的例子。例如，当一个"成功人士"突然间发现自己拥有的一切都不再真实，所有在乎的人和事，随时都会化为灰烬，这时哪怕一个毫不相关的人漫不经心的一句话都会刺伤他。他万念俱灰，自己生命中永远不可替代、无法复制的那一部分，就会从此消失。留给自己的只有无尽的悲伤、悔恨——为什么当时自己没有做出另一种选择：不要让儿子去参加这次比赛，不要去那个加油站，不要打开自己的远光灯……随后，在彻底的绝望中诅咒这个世界，诅咒信仰的神明甚至诅咒自己。

翻翻报纸的社会新闻版我们会看到类似的故事：被解雇的职员闯进办公室，持刀刺伤自己的上司；看上去唯唯诺诺的丈夫杀害自己的妻子之后自杀身亡；品学兼优的留学生持枪袭击同胞，震惊校园……他们的亲朋好友总会在事后感叹："他看起来是个很不错的人，真不敢相信会做出这样的事来。"他们没有看到，那些积压在人心里的愤怒是如何在长期压抑中逐渐膨胀，最终变得不可收拾的。

内心压抑的愤怒始于否认、沉默和回避，积压久了会让人从心里面垮掉。在冲突之后我们经常听到这样的话："我没有动气，只是挺失望的。"心理学家告诉我们，说这话的人确确实实是动气了，只是他自己不愿意承认而已。但是否认并不能让怒气消失，他们更愿意躲开惹自己动气的那个人和那种场景，刻意保持距离。

这是被压抑的愤怒。郁积的愤怒通常会以一种被称为"消极攻击"的行为表现出来，比如，对别人的要求不理不睬——你让他干什么，他偏不干；你指东，他偏要打西。

愤怒是为了让人们能积极地去面对那个伤害了自己的人或事，如果人们没有这么做，愤怒就会累积。

心理学家称："如果多年来我们一再遭遇委屈，我们情感的承受力就会耗尽。"这时就会出现两种情况：其一，我们会把多年来积压在心里的愤怒发泄在身边的人身上；其二就是变得抑郁，感情会渐渐枯萎，失去了对生命的热情，变得对什么都不感兴趣。第一种情况会产生破坏性的行为，第二种情况就是绝望了。

生活中，愤怒无处不在：夫妻间吵架拌嘴，员工对老板的抱怨指责，孩子顶撞父母或者父母责骂孩子，甚至下班路上的拥堵也能让我们坐在车里，一边狂按喇叭一边破口大骂……

从小到大我们被一再告知发怒动气是不好的，那些直接或者间接的生活经验也让我们知道，动气的"破坏力"有多大——失去朋友，得罪亲人或者丢掉饭碗。可问题是，当我们"怒从心头起"的时候，如果没有适当的渠道发泄的话，我们就会走向另一个极端：绝望。

因此，有了怒气的时候，不要憋在心里，而应当想办法进行疏导。

2.一动气身体就遭殃

怒气是"喜、怒、忧、思、悲、恐、惊"人之七情之一。人与人之间由于性格、修养、思维方式、生活方式等不尽相同，发生某些摩擦或冲突是难免的，动怒可以被理解。然而，若是经常动气、动怒，或是一触即怒、一碰即气，往往会使身心健康受到损害。

一个人如果长期处于情绪不佳、易动怒的情形之下，对于身体健康具有绝对的负面影响。

中国传统医学认为，动气有损健康。《黄帝内经》明言告诫："百病生于气也""怒则气上，则伤脏，脏伤则病起"。怒往往由气而生，气怒损生是有科学道理的。人之所以会被"气"死，是因为发怒时会出现心跳过速，特别是有高血压、心脏病的人，往往会因为发怒而引起心律失常，或是发生心肌梗死。

现代权威医学专家通过大量案例研究发现：不善于表达自己愤怒的女性更容易得心脏病。而倾向于淋漓尽致地表达自己愤怒的男性也更容易得心脏病。这就说明，无论是男性还是女性，如果他们经常发怒便容易得心脏病。另外，血压正常而容易动气的人，他们罹患心脏病的几率比其他人高，相对地也增加了危险性。

研究表明，暴怒能击溃人体生物化学保护机制，使人体抵抗力下降。怒气犹如人体中的一枚定时炸弹，随时都可酿成大祸。"怒从心上起，恶向胆边生"，就是这个道理。

具体来说，怒气对人的身体伤害表现在以下几方面：

气伤脑。气愤之极，可使大脑思维突破常规活动，往往会做出鲁莽或过激举动，反常行为又形成对大脑中枢的恶劣刺激，气血上冲，还会导致脑出血。

气伤神。动气时由于心情不能平静，难以入睡，致人神志恍惚，无精打采。

气伤肤。经常生闷气会让你颜面憔悴、双眼水肿、皱纹多生。

气伤内分泌。生闷气可致甲状腺功能亢进。伤心气愤时心跳加快，出现心慌、胸闷的异常表现，甚至诱发心绞痛或心肌梗塞。

气伤肺。动气时的人呼吸急促，可致气逆、肺胀、气喘咳嗽，危害肺的健康。

气伤肾。经常动气的人，可使肾气不畅，易致闭尿或尿失禁。

气伤胃。气瀒之时，不思饮食，久之必致胃肠消化功能紊乱。

由此看来，为一点点小事动气，代价也太大了吧？

动气对人体健康有百害而无一利。为了健康，我们要学会收敛自己的脾气。

3.一动气就损了和气

生活中，一些人心胸狭窄，为鸡毛蒜皮的小事斤斤计较，动怒争气，提刀弄杖，打架斗殴，以致最后酿成悲剧，到后悔时则晚矣。与人相处，无论是因公还是因私，都最忌扯着嗓子，怒气冲冲地大声争吵。

"善良的天性比机智更令人愉快，稳重的心态比伶牙俐齿更让人佩服。"假如你与别人意见有分歧，完全可以讨论，但不要争吵。只要出于善意，讨论时对事不对人，同样会令双方有所收获。相反，那种毫无分寸和理智的争吵，一方激烈地攻击另一方，拼命地维护自己，这是有良好教养的人所不为，也不该为的事。

不是说凡是发怒的人看法都是错误的，而是说他根本不懂得如何表述自己的见解。讨论问题的原则是，要从容镇定用无可辩驳的事实，努力不让对方厌烦，不迫使对方沉默而达到说服对方的目的。

如果你因动气与人争吵，大声说出"我认为这种想法愚蠢透顶"这样的话，就是一种伤害他人的反驳了。这时，旁观者焦虑不安，朋友们躲到背后去，也就不足为奇了。为赢得一场争吵而失去一位朋友，实在是得不偿失的事情。

一位所得税顾问为了一笔不该收所得税的款子和税务稽核整整争论了一个小时，那位稽核傲慢而又顽固。顾问决定不再同他论理，改变了另一个话题。顾问说："比起其他要你处理的重要事情来，这件事实在不足挂齿。我也研究过税务问题，但那是书本上的死知识，你的知识却是从实践中来的。有时，我也真想有份像你这样的工作。"

这下，稽核在椅子上伸直了身子，开始和顾问谈起他的工作，态度慢慢地友善起来。3天后，顾问接到了他的电话，说是那笔所得税决定不征了。

这位稽核要的是一种重要人物的感觉。顾问越和他争论，他越要强调职务上的权威。一旦承认了他的权威，争论自然偃旗息鼓了，而他也同样变成了一位态度宽容和富有同情心的人。

林肯有一次斥责一位和同事发生激烈争吵的青年军官。他说："任何决心有所作为的人，绝不肯在私人争执上耗费时间。在跟别人争论正误参半的问题上，你要多一点让步；如果你确实是对的，就少一点让步。总之，不能失去自制。与其跟狗争道，被它咬一口，不如让它先走。就算宰了它，也治不好你的咬伤。"

美国著名的教育家戴尔·卡耐基认为，"在多数情况下，同事间争论的结果只会使双方比以前更相信自己是绝对正确的，你赢不了争论。要是输了，当然你就输了；如果你赢了，还是输了。为什么？如果你的胜利，使同事的论点被攻击得千疮百孔，证明他一无是处，那又怎样？你会觉得洋洋自得。但他呢？你使他自惭。你伤了他的自尊，他会怨恨你的胜利，即使口服，心里也不服。最糟糕的是，转过身来，你们还不得不同在一个屋檐下共事。"

你要衡量一下：你宁愿要那样一种字面上的、表面上的胜利，还是别人对你的好感？

我们生活在各种人际关系中，如朋友关系、亲子关系、夫妻关系、职场中的人际关系，等等。如果我们动不动就与人争吵、动气发脾气，就会伤害他人的自尊和脸面，导致人际关系矛盾重重，给自己的事业和生活带来阻碍。与人相处，遇事要控制自己的情绪，冷静处理，切忌与人争吵，以免将事情弄僵，危害人际关系。

4. 一动气就伤了感情

气憋在心里，则是越憋越重，达到难以承受的程度，这时再骤然发泄，如同山洪暴发，即大发雷霆，我们称之为盛怒，而盛怒则会对身心造成更大的伤害。

但我们更想说的是气也会伤害人与人之间的感情。

最怕的是两个最亲或关系最密切的人相互动气。如朋友之间因为一点鸡毛蒜皮的小事斗气，谁也不服输，谁也不先开口，久而久之双方关系也会日益紧张，隔阂加深，双方感情受到伤害，甚至会招致严重的后果。

据调查研究，性格内向或孤僻者，以及平时很少与人交际，朋友甚少，不愿意与亲友同事谈心的人，都比较容易动气。因此，这些人应该更加重视克服自己性格上的弱点，加强自身修养。

诚然，改变性格并非易事，但也不是办不到的。这些人应该多参加一些有益身心的社会活动，走出狭小的天地，多结交一些朋友，培养一两项业余爱好，经常参加文娱和体育活动。这些都可以逐步优化自己的性格，开阔自己的心胸。特别是要逐步养成与熟人、朋友、同事谈心、聊天的习惯，心里不痛快就及时向外宣泄。在这方面，尤其需要得到其亲友和同事们的帮助，当发现他们有气憋着、闷在心里时，就应该想方设法引导其将心里话说出来。

人们应该学会控制自己，尽量做到不动气。碰上不愉快的事，首先要学会自己给自己"消气"；如果不确实遇到烦心的事，也要"戒"字当先，戒除恼怒。

5.一动气效率就降低

时间上的压力给人带来一个又一个焦虑，让你天天在着急上火中生活。为此，人们开始生起了"时间"的气：时间不够了会动气，时间被延误了会动气，时间太漫长了也要动气……一边在动气中抱怨着时间的流逝，一边在时间流逝的过程中继续生着气，于是，所有的事情都被安排在了后面。人们往往会这样说："等我消消气再说……""算了，不干了，气都气饱了，还干什么啊？""真是倒霉透顶，剩下的活明天再干！"如此一来，必定会大大降低工作的效率。

效率在动气中被降低，是不值得的。想想，一动气就撂挑子，只顾自己发泄、动气，生完了气还得接着做事，继续干活，这不等于给自己找事吗？

因此，面对堆积如山的工作任务，首先需要调整心态，不急躁，不慌张，学会科学地安排和管理时间、工作。你应该有这样的意识：

合理安排时间和精力。把时间和精力合理配置到各种事情上，不浪费时间。多数成功者都把工作与闲暇、工作与日常生活划分得清清楚楚，这样就能够享受各种活动并达到转换情绪的目的。比如进餐时，保持轻松，心无杂念，绝不牵涉工作中的烦心事。娱乐和运动时应充分放松身心，以享受其中的欢乐。

把握好最佳时间和最佳状态。最佳时间通常是指办事的最好时间段或时间点。把握好最佳时间，通常可以取得良好的效益。普通人往往只知道应该去做什么事，但不知道在什么时候做最好。高手常常在最佳时间办事，这对于发展十分有益。对于重要的事情，要尽量安排在精力旺盛的时候做。投入同样的时间，如果精力旺盛，实际投入的精力就比较多；反之，实际投入的精力就比较少。把握最佳时间有一定的难度，因此，很多时候只能争取在较佳的时间办事。每个人都要把"在最佳时间办事"当作一种信念，长期如此，自然会成为习惯。

根据事情的重要性付出相应的时间和精力。事情越重要，越要付出较多的时间和精力，以求取得好的效果；反之，则要尽量节省自己的时间和精力。比如，当精力充足而做的只是简单的事情时，要自然地以较低的精力消耗办事。以大量的精力消耗处理小事，通常是不值得的。当精力不足而又偏偏碰上紧要的事情时，要迅速积聚精力，并全力以赴。在重大的事情来临之前，要先适当放松身心，以积蓄体能面对挑战。如果没有足够的体能积蓄，当巨大的压力到来时，很可能一下子被击垮。

休息的时候，应保持轻松的休息状态。工作或学习的时候，应保持旺盛的状态。或者说，工作要有工作的样子，学习要有学习的样子，玩也要有玩的样子。不这样，就会影响效果，而且浪费时间和精力。

生活中的事情并不会因为你的动气而减少或自动消失，无论你是动气还是不动气，它都是存在的，任务仍然等着你去完成，活儿还得等你消完了气再去干。所以，与其带着气干活、做事，不如不动气，心平气和地做事，效率一定会比在动气时高出许多倍。

6.一动气机会就跑了

机会对于每一个人都是平等的。有很多人总是在埋怨上帝不给他机会成功，事实上，上帝也把苹果砸到了他的头上，可是他一边骂着，一边把苹果吃了。这就是为什么牛顿成了科学家，而同一时代的其他人却没有在那个世纪留下丝毫的印记。

生活中有许多人和事，就是因为当事人在突发情况下不理性，而使事情发生恶变，把自己变成了其中的受害者。

一位大学生毕业后应聘于一家公司搞产品营销，公司提出试用3个月。3个月过去了，这位大学生没有接到正式聘用的通知，于是，他一怒之下愤然提出辞职。公司的一位副经理请他再考虑一下，他越发火冒三丈，说了很多抱怨的话。于是对方也动了气，明明白白地告诉他，其实公司不但已经决定正式聘用他，还准备提拔他为营销部的副主任。这么一闹，公司无论如何也不能再用他了。这位涉世未深的大学生因自己的不理性而白白丧失了一个绝好的工作机会。

还有一名初探歌坛的歌手，满怀信心地把自制的录音带寄给某位知名制作人。然后，他就日夜守候在电话机旁等候回音。第1天，他因为满怀期望，所以情绪极好，逢人就大谈抱负。第17天，他因为情况不明，所以情绪起伏，胡乱骂人。第37天，他因为前程未卜，所以情绪低落，闷不吭声。第57天，他因为期望落空，所以情绪坏透，拿起电话就骂人。没想到电话正是那位知名制作人打来的。他因此而错失良机，自断了前程。

人的生命是短暂的，在这短暂的一生中，机会能够出现的次数更是少之又少，抓住了，你的生命就会出现新的景象，错过了，只能是无尽的悔恨。如何才能抓住机会，不让自己的生命留下悔恨呢？这需要你有一双雪亮的眼睛、一颗敏锐的心，还有勤劳、敢于探索的品质。

　　然而，错过一次机会并不可怕，可怕的是这种令人抱憾终生的错过，一次又一次在你身上重演，那么你的人生恐怕就没有转折了。所以，当你意识到上一个机会错过时，不能让后悔和遗憾完全左右你。短暂的遗憾会让你深刻体会到这次教训，以后不要再次重复相同的错误，但是倘若一直沉浸在这种悔恨的氛围中，便是一种没有意义的选择。

　　即使你再后悔，机会也回不来，不如吸取教训，把悔恨转换成探索的动力，转换成敏锐的洞察力，这样你才有可能在下一次机会到来的时候迅速地抓住它。永远记住，失去一次机会的时候，后悔一个小时就足够了，剩下的时间是对自己微笑一下，然后继续赶路。

7.一动气就会铸成大错

《孙子兵法》指出："主不可以怒以兴师，将不可以愠而致战，合于利而动，不合于利而止。"孙武认为，国君不可以因一时的愤怒而兴兵打仗，将帅不可凭一时的怨愤而与敌交战，一切都要以是否有利为转移，合于利则动，不利则止，这才是理智的行为。

三国时期，蜀国名将关羽败走麦城，被东吴擒杀。张飞闻讯，悲痛欲绝，严令三军赶制孝衣，为关羽戴孝，逼得手下将官无奈，最后铤而走险，将其刺杀。刘备为报东吴杀害关羽之仇，举兵伐吴。诸葛亮、赵云等人苦苦相谏，都无济于事。这时的刘备已完全失去了理智，怒气交加，结果被吴将陆逊一把火烧得溃不成军，数万军士丧生，刘备本人则带着残兵败将退归白帝城，羞愧交加，一命呜呼。蜀军从此一蹶不振了。

第四次中东战争中，以色列第190装甲旅旅长阿萨夫·亚古里与埃军第二步兵师先头部队遭遇时，因三次进攻均未成功，便恼羞成怒，把剩余的85辆坦克孤注一掷，结果中计惨败，在3分钟内这85辆坦克便毁于一旦。这样的例子古今中外举不胜举。

在现实生活中，人们因一时的矛盾，头脑发热，大动肝火，失去理智，酿成惨祸的实事，屡见不鲜。总而言之，适宜的克制、理智的行动，是人们做事时智慧的表现。

在一些人办公桌的玻璃板下或床头上常常可以看到"制怒"两字，意在提醒自己不要发火。在这个问题上，严格要求自己，加强思想修养是非常必要的。

　　清朝的林则徐官至两广总督。有一次，他在处理公务时，盛怒之下，把一只茶杯摔得粉碎。但他猛抬头，看到墙上挂着的牌匾上写着自己的座右铭"制怒"两字，意识到自己的老毛病又犯了，立即谢绝了仆人的代劳，自己动手打扫摔碎的茶杯，表示悔过。林则徐虽然有时控制不住自己的情绪，但他能随时注意克制，知错就改，这一点也非常难得。

　　有人认为和颜悦色、忍让无争，从不疾言厉色，就是十足的懦夫行径，殊不知这样的人才是真正具有大智、大仁、大勇的人物。有人更认为凡事忍耐、含垢受辱、承认过错及接受责罚便是懦夫，事实上，在衡量自身条件尚无绝对必胜把握时，暂时的忍辱负重是必要的。而死不认错往往是怕负责任，这才是真正的懦夫。

　　压制住自己的怒火，忍辱负重，可能是解决问题的最好方法。对于做大事者来说，忍辱负重是成就事业必须具备的基本素质。忍受屈辱是一种能力，能在忍受屈辱中负重拼搏更是一种本领。小不忍则乱大谋，凡成就大业者莫不如此。

8.一动气自己就输了

任何人都有动气的时候，只不过发泄的方式不一样。其中最"惊心动魄"的则要数摔东西。动气的时候摔东西是一种宣泄方式，然而，发泄了之后就会痛快了吗？如果回答是"是"，那么你在很大程度上是在欺骗自己。

动气的人在他们平静之后往往会为自己的行为而羞愧。惯于发怒的人，大多是灵魂为情感所操纵，打乱了自己的分析、判断能力，使精神陷于混乱状态。那些发大脾气、气急败坏的人，他的眉毛竖起来，脸色青紫，浑身打战，就好似着了魔一般，说话语无伦次、是非颠倒，惹得人发笑。如果把他的形象用照相机拍摄下来，事后让他自己看看，他会大吃一惊，羞惭得抱头伏案。

没有人愿意动气，可我们还是会经常为一些事情而动气。动气不仅是对挫折、被侵犯以及对被不合理对待的反应，而且也会成为一种习惯。在动气中，我们会容易做出没有经过审慎判断的事。因此，动气时不少人把毁坏物品作为发泄的出口。

肖某在深圳一家公司工作多年，自认为没有功劳也有苦劳，几次要求加薪都被公司拒绝，不免心生怨恨，也就产生了辞职的想法。有一天，他在公司加班，因生产出来的模具部分配件不合格，所以他将7块不合格的模具钢板放入炼火炉里回炉。随后去找公司老板商量辞职一事，不料被老板骂了一顿，肖某很动气，顿时萌发了报复公司的念头。

肖某回到模具部后，将公司配给他使用的电脑内存条、主板、显卡等砸坏，并带走电脑硬盘。肖某离开公司时，想起炼火炉里还有7块模具钢板正在回炉，本想将它们拿出来以免烧坏，但又想到老板刚才对他的态度，结果肖某在明知道炼火炉里的模具钢板会被烧坏的情况下却置之不理，致使价值7万余元的7套模具钢板被烧坏。肖某带着硬盘回到租住的地方，辗转到惠州一家公司上班。一个多月后，肖某在惠州被警方逮捕。

生活中有很多不如意的事情，如果我们像肖某一样拿东西出气，不仅什么事情也办不了，还会造成严重的后果，最后受害的只能是自己。

动气时毁坏物品，虽然气消了，但是自己毕竟有损失。一般人生过气后都会很后悔，为了避免悔不该当初摔东西，就要学会掌控自己的情绪，做自己情绪的主人。

动气时毁坏物品的行为很愚蠢，如果物品是自己的，等气消的时候还要花钱再买；如果毁坏的物品不是自己的，结果就不仅仅只是花点钱的问题，甚至引出更大的麻烦。所以，在动气甚至愤怒的时候，最好不要拿物品出气。

练习心平静：调试心理不动气

现代人在很多时候很多场合都会产生一些异常心理，进而导致心理失衡，表现出郁闷、烦恼、动气、发怒、失望、悲观等情绪。现代人的心理失衡是一种不健康状态，已经成为一种严重的社会问题，必须设法摆脱心理失衡，使思维正常运作，走出心灵的误区。

1.加强修养，遇事泰然处之

养成乐观、豁达的个性，平静地接受人生中出现的种种变化，调整自己的生活和工作节奏，主动地避免因生理变化而对心理造成的冲击。事实上，那些拥有宽广胸怀、遇事想得开的人是不会受到灰色心理疾病困扰的。

2.尽力寻找情绪体验的机会

一是多想想你所从事的事业，时时不忘创新，做出新的成绩，跃上新的台阶；再者要关心他人，与亲朋、同事同甘共苦，无论悲欢、离合，都是对心理的撼动，它会使人头脑清醒，心胸开阔；三是多参加公益活动，乐善好施，为子孙造福。最好是学会一门艺术，无论唱歌弹琴，写作绘画，集邮藏币，都会使你进入一种新的境界，产生新的追求，在你的爱好之中寻找乐趣。

3.保持心理宁静

面对大量的信息，不要紧张不安、焦急烦躁、手足无措，应保持心情宁静，学会吸收现代科学信息的方法，提高应变能力。最后，要尽量多地设想出获取它们的可行途径，并选择一个最佳方案行动，从而减轻个人的心理负担，收到事半功倍之效。

4.适当变换环境

一个人在一个缺乏竞争的环境里容易滋生惰性，不求有功但求无过，过于安逸的环境反而更易引发心理失衡。而新的环境，接受具有挑战性的工作、生活，可激发人的潜能与活力，变换环境进而变换心境，使自己始终保持健康向上的心理，避免心理失衡。

5.正确认识自己与社会的关系

要根据社会的要求，随时调整自己的意识和行为，使之更符合社会规范。要摆正个人与集体、个人与社会的关系，正确对待个人得失、成功与失败。这样，就可以减少心理失衡。

第二章
中国人，你为什么爱动气

当你羡慕别人坐拥巨富享受高品质生活时，会动气；当你妒忌别人拿着高薪坐着高位时，会动气；当你看到机会总是让别人遇到时，会动气；当你努力了，付出了，却没有得到应有的回报，会动气；当你被领导批评指责了，会动气；当你承受不了如山的工作压力，会动气；当你为复杂的人际纠结时，会动气……

爱抱怨、爱动气、爱发火，我们为什么总是有生不完的气？

1.心理不平衡想出气

生活中常有不公平的事情出现，于是你的心理开始不平衡，心里一阵阵地觉得窝火、动气。

你努力了，付出了，反而没有得到回报；看到别人的小日子过得好既眼馋又嫉妒，想到自己混得不好，觉得心里堵得慌；看到别人一副很有成就感的模样，想想自己不免有点窝囊，于是窝心、憋屈，想找人出出气……

其实，这些事情也不只出现在你一个人的身上。地球是圆的，总有一些人站在圆的切线点上比你早几分钟看到太阳。人生的事情很难做到公平，有些人生下来或许就含着"金钥匙"，而有些人或许生下来身体就不完整，这些都是我们先天无法掌握的，只能接受。

生命和生活有时候并不如我们想象中美好，它们对于我们每一个人的待遇都有所偏心，有的人确实生于荣华，处于丰顺；有的人或许就没有那么多天生的优势。不过相信上帝在为你关上一扇窗的同时，肯定为你打开了另一扇窗。只有看淡这些不平，才能潜心地去做正经的事情。我们的心和胸怀就那么大，如果装满了埋怨和愤愤不平，又怎么能有心思去追逐自己的梦想呢？

当一个人凡事都怪运气不好的时候，他就很难跳出那个框框了。总之，最重要的是不要随随便便地就把一切责任往命运身上推。宿命论者的内心大多非常灰暗、悲观。他们越是这样，幸运女神就越不会去眷顾他们，他们就更相信是运气不好，而造成一种恶性循环。这种人事情做得好不好基本上并不是问题，成为问题的是他们老是把一切推到命运上这件事。

　　能够开朗工作的人，大多不会是宿命论者。凡事请我们都要往好的方面想。

　　如此一来才有可能不断地给我们带来好运，我们也就快乐起来了。

　　所谓命运者，是辛苦付出和积极拼搏的结果。抱怨命运不公或者感叹自己命不好的人，是一个懒惰、懦弱、不肯努力付出的人。时间改变不了一切，付出却能改变命运。

　　命运的主人公永远都是我们自己，是我们在不断地创造着自己的命运。

2.被人批评有点窝囊气

我们每个人都有自己的观点和看法，它支撑着我们的自信，是我们思考的结果。无论是谁，遭到别人直言不讳的反对，特别是受到激烈言辞的迎头痛击时，都会产生敌意，导致不快、反感、厌恶乃至愤怒和仇恨。这时，我们会感到气窜两肋，肝火上升，全身处于一种高度紧张状态，时刻准备作出反击。其实，这种生理反应正是心理反应的外化，是人类最本能的自我保护机制的反映。

在工作中，有的人充满信心，有的人谨小慎微。但不管怎样，突然受到来自上级的批评或训斥，都会造成很大的影响。如果你也正巧处在挨批的行列，首先应该端正态度，不要对领导的批评表现出"不服气"，你的"不服气"的倔强改变不了任何局面。

受到上级批评时，反复纠缠、争辩，希望弄个一清二楚，这是很没有必要的。确有冤情，确有误解怎么办？可找一两次机会表白一下，点到为止。即使领导没有为你"平反昭雪"，也完全用不着纠缠不休。这种斤斤计较型的部下是很让领导头疼的。如果你的目的仅仅是为了不受批评，当然可以"寸土必争""寸理不让"。可是，一个把领导搞得筋疲力尽的人，又谈何晋升呢？

对有些人来说，由于历事颇多，久经世故，能够临危不乱，沉得住气，不会立即作出过激的反应。而且，有的人还是有一定心胸的，不会褊狭地受情绪左右，意气用事。但是，心中的不快却是不能自控的，而且由于面子问题，往往会出现愤怒情绪。

没有人会无缘无故发脾气、批评别人，领导之所以批评你，自然是你犯了某种错误。而要处理得好，你就要坦诚接受领导的批评。

　　首先，你要搞清楚领导批评你什么。搞清楚了领导批评你的原因，你便能把握情况，从容应对。

　　其次，虚心接受领导的批评。受到领导的批评时，最需要表现出诚恳的态度，显示出你从批评中确实学到了什么，明白了什么道理。如果你不服气、发牢骚，那么会你使和领导的感情拉大距离。

　　最后，不要把批评看得过重。不要认为领导的一次批评就觉得自己一切都完了，从此一蹶不振，这样会让领导看不起。

　　批评可能会使你的情感和自尊心以及在周围人们心目中的形象受到一定影响，但你处理得好，不仅会得到补偿，甚至会收到更有利的效果。相反，过于追求弄清是非曲直，反而会使人们感到你心胸狭窄，经不起任何误解，人们对你只能戒备三分。

3.压力是座随时爆发的火山

心理学研究发现：当猩猩被隔离监禁一段时间后，会出现重复的摇晃、吸吮手指或原地绕圈等刻板行为；把一只动物关在无法逃离的笼子中并给予电击，会引起动物不断吃东西的行为；当两只动物被电击时，电击开始或结束后不久，它们会打起架来。

轻度的压力会促发或增强一些正向的行为反应，如寻求他人支持，学习处理压力的技巧。但压力过大过久，会引发不良适应的行为反应，如谈话结巴、动作刻板、过度用食、攻击行为、乱发脾气、失眠等。

现在有关压力及如何应付压力的文章越来越多，其激增的速度有如野火燎原一般。当乘客登上飞机，总会有些教乘客如何处理压力的杂志；当你将购物车推到收银处等候付账时，你会看见杂志的标题以粗黑字体写着："你可以除掉生活中的压力！"

压力的来源有两种：一种是工作压力，一种是心理压力，而往往是工作压力的加重直接导致了心理压力的升级。正常的压力是有益的，可怕的是，重压之下个人的工作状态会受到负面影响，导致心理问题陆续出现。

李陆从某大学计算机系毕业后在一家金融软件公司里做软件工程师助理，很快上级便分配给他一个较大的项目，这个项目对他而言至关重要，做得好就可以转正并且待遇升级，否则便有卷铺盖走人的下场。

接下这个项目以后，他没日没夜地查资料、读程序，连续好几周没有给自己放一天假，晚上睡觉也总是睡得不踏实，几乎到了废寝忘食的地步。经过一个月的努力，他的工作终于接近尾声，而他的健康同时也亮起了红灯。在工作和心理的重压之下，强壮的年轻人还是病倒了。

压力带给我们的负面影响是非常大的，会引起生理、心理和情绪上的一系列变化。

在压力状态下，人生理的会出现一系列反应，主要表现在自主神经系统、内分泌系统和免疫系统等方面。例如，导致心率加快、血压增高、呼吸急促、激素分泌增加、消化道蠕动和分泌减少、出汗等，进而影响我们身体和健康。

压力还会引起心理和情绪的反应。过度的压力会带来负面反应，出现消极的情绪，如忧虑、焦躁、愤怒、沮丧、悲观失望、抑郁等，会使人思维狭窄、自我评价降低、自信心减弱、注意力分散、记忆力下降，表现出消极被动、爱抱怨、爱动气、爱发火。过度的压力会影响智能，压力越大，认知效能越差。个体在压力状态下的心理反应存在很大差异，这取决于个体对压力的知觉和解释以及处理压力的能力。

当个体面临压力时会有各种行为变化。这些变化决定于压力的程度以及个体所处环境。压力下的行为反应可分为直接反应与间接反应。直接反应指直接面对引起紧张的刺激时，为了消除刺激源而做出的反应。例如，路遇歹徒或与其搏斗或逃避。间接反应指借助某些物质暂时减轻与压力体验有关的苦恼。例如，借酒消愁。

4.抱怨人生"怨气冲天"

在日常工作和生活中，我们可以随处找到时常抱怨的人。他们抱怨自己的专业不好，抱怨住处很差，抱怨没有一个好爸爸，抱怨工作差、工资少，抱怨空怀一身绝技没人赏识，抱怨世界真不公平……抱怨这，抱怨那，抱怨之余，还大发牢骚，发一通脾气。

张永顺是一家汽车修理厂的修理工，从进厂的第一天起，他就开始喋喋不休地抱怨，什么"修理这活太脏了，瞧瞧我身上弄的"，什么"真累呀，我简直讨厌死这份工作了"，什么"你看小强光收个费多好啊"……每天张永顺都是在抱怨和不满的情绪中度过。他认为自己是在受煎熬，在像奴隶一样卖苦力。因此，他每时每刻都窥视着师傅的眼神与行动，稍有空隙，他便偷懒耍滑，应付手中的工作。

转眼几年过去了，当时与张永顺一同进厂的3个工友，各自凭着精湛的手艺，或另谋高就，或被公司送进大学进修，唯独他仍旧在抱怨声中做他讨厌的修理工。

从这个小例子中不难看出，一个人一旦被抱怨束缚，不尽心尽力，应付工作，只能让自己过得很累。抱怨越多，就越累得难受，越气忿不平。

为什么抱怨的人会说生活这么累，因为他只看到了自己的付出，而没有看到自己的所得，而不抱怨的人即使真的很累，也不会埋怨生活，因为他知道，失与得总是同在、成正比的，一想到自己获得了那么多，真是高兴啊。

如果你想抱怨，生活中一切都会成为你抱怨的对象；如果你不抱怨，生活中的一切都不会让你抱怨。不胜任的人经常抱怨世界的不公平，因为机会经常被别人抓住了。胜任的人也知道世界是不公平的，但他们不去抱怨，而是通过付出超人的努力让自己把握住稍纵即逝的机会。

如果抱怨成了一个人的习惯，就像搬起石头砸自己的脚，于人无益，于己不利，生活就如牢笼一般，处处不顺，处处不满；反之，你则会明白，自由地生活着其实本身就是最大的幸福，也就没有了那么多的抱怨了。

5.妒火中烧气不顺

嫉妒是指当看到别人在某些方面高于自己时（有时候仅是一种似乎的感觉），便产生一种由羡慕转为恼怒、忌恨的情感状态。嫉妒是一种病态心理，不仅使自己心生闷气、心生烦恼，还可伤害他人，危害人际有关系。

嫉妒的范围是很广的，包括嫉人、嫉事、嫉物。手段也多种多样。有的人挖空心思采用流言蜚语对别人进行恶意中伤，有的付诸于手段卑劣的行动。报纸上曾经刊载过这么一则消息：有个女人嫉妒人家的一个男孩长得好，竟然将那男孩掐死扔进井里。当然，这是极端嫉妒者的典型。

根据嫉妒发生的速度与强度，可分为两种：一种同激情相联系的嫉妒，称之为"激性嫉妒"。这种嫉妒带有强烈的激情性质，来势凶猛，发展迅速，难于控制。另一种与心境相联系，被称为"心境嫉妒"。该嫉妒缓慢而持续，对人体的影响不如前一种明显，但可改变人的性格。主要表现为郁郁寡欢，忧心忡忡，产生孤独情绪，乃至积怨成疾。

现代精神免疫学研究揭示，脑和人体免疫系统有着密切的联系。嫉妒导致的大脑皮层功能紊乱，可引起人体内免疫系统的胸腺、脾、淋巴腺和骨髓的功能下降，造成人体免疫细胞与免疫球蛋白的生成减少，因而使机抵抗力大大降低。

嫉妒的危害，我国的传统医学早就有过论述。《黄帝内经》明确指出："妒火中烧，可令人神不守舍，精力耗损，神气涣失，肾气闭寒，郁滞凝结，外邪入侵，精血不足，肾衰阳失，疾病滋生。"

嫉妒心理是一种破坏性因素，对生活、人生、工作、事业都会产生消极的影响。正如培根所说："嫉妒这恶魔总是在暗暗地、悄悄地毁掉人间的好东西。"

（1）直接影响人的情绪和积极奋进精神。

（2）容易使人产生偏见。嫉妒，在某种程度上说，是与偏见相伴而生、相伴而长的。嫉妒程度有多大，偏见也就有多大。偏见不仅仅出自于一种无知，还出自于某种程度的人格缺陷。

（3）压制和摧残人才。在现实社会生活中，在对人才的评价和使用的过程中，时常受到嫉妒心理的干扰，使得有些人才得不到及时地、合理地使用。有位历史学家曾断言，中国社会自唐代以后开始走下坡路，一个重要的原因就是嫉贤妒能的现象日趋严重。

（4）影响人际关系。荀况曾经说过："士有妒友，则贤交不亲；君有妒臣，则贤人不至。"嫉妒是人际交往中的心理障碍，它会限制人的交往范围，压抑人的交往热情，甚至能反友为敌。

嫉妒破坏友谊、损害团结，给他人带来损失和痛苦，既贻害自己的心灵又殃及自己的身体健康。因此，必须坚决地、彻底地与嫉妒心理告别。

6.一猜二疑三动气

在人际交往中，我们难免会碰到不合自己理念的人和事，难免会争执，难免会猜忌，难免会受伤！交往中的磕磕碰碰几乎每个人都会碰到，都会有所体验。毕竟人不是圣人，人都有七情六欲，都有判断失误的时候，都有感情冲动的时候，也有迷惑不解、胡乱猜疑的时候。

猜疑心很重的人，总觉得别人在背后说自己的坏话，或给自己使坏。他们看到别人说笑，便以为别人在议论自己，心里就不痛快起来，甚至大动肝火，与人争吵。喜欢猜疑的人特别注意留心外界和别人对自己的态度，别人脱口而出的一句话，他很可能琢磨半天，试图发现其中的"潜台词"。

多疑心态会严重地影响人际关系。不仅自己很苦恼，周围的人也难以理解和接受。多疑心态的表现多种多样，在不同文化层次和不同工作岗位上的人表现也不完全一样。

多疑的人给人的印象就是神经过敏。过分的敏感，把发生在周围的一些不愉快事件强行与自己联系，听风就是雨。听说同龄妇女得癌死亡，马上会联想到自己可能也会有同样的下场；在家里，孩子放学后晚归，会联想起路上是否发生车祸；有女同志往家里打电话或爱人晚归，联想是否有第三者。

性情多疑的人会特别关注流言蜚语。在一些单位里，总有一些人喜欢传播小道消息或是流言蜚语。当流言蜚语被夸大、扭曲时，就会造成人际关系的紧张，是一种恶性刺激。

多疑的人会对别人的某些行为和动作做盲目联想。别人在一起轻轻地议论某件事，正巧自己走过，他们停止了议论或突然发笑。尽管这些人议论的事与自己毫无关系，但他也马上会敏感地联想到他们在背后议论自己。于是，心中的不平衡马上膨胀，情绪立即激昂起来。

对一些涉及自身利益的事无端地怀疑也会平添气。比如，晋级、加薪、分房没有满足本人的愿望时，会盲目怀疑。怀疑领导班子、人事部门有人在背后作怪，甚至扳着手指将这些领导干部逐个"排队"；怀疑同一部门的人员在背后打小报告，"搅掉了我的好事"，一旦认定，愤恨之情就会急剧上升。

不管怎样，猜疑都是人际关系的大敌。它会破坏朋友间的友谊，疏远同学或同事间的关系，无端地挑起同学、同事或朋友间的矛盾纠纷，也会影响自己的情绪。生活在猜疑中的人总是郁郁寡欢，缺少内心的宁静。

猜疑似一条无形的绳索，会捆绑我们的思路。如果猜疑心过重的话，就会因一些可能根本没有或不会发生的事而忧愁烦恼，从而不能更好地与别人交流，变得孤独寂寞，危害身心健康，因此需要加以改变。

7.无端受中伤，实在太气人

在二十世纪六十年代的美国，有一位很有才华、曾经做过大学校长的人，出马竞选美国中西部某州的议会议员。此人资历很高，又精明能干、博学多识，看起来很有希望赢得选举的胜利。但是，在选举的中期，有一个很小的谣言散布开来：三四年前，在该州首府举行的一次教育大会中，他跟一位年轻女教师"有那么一点暧昧的行为"。

这实在是一个弥天大谎，这位候选人对此感到非常愤怒，并尽力想要为自己辩解。由于按捺不住对这一恶毒谣言的怒火，在以后的每一次集会中，他都要站起来极力澄清事实，证明自己的清白。其实，大部分的选民根本没有听到过这件事，但是，现在人们却愈来愈相信有那么一回事，真是愈抹愈黑。公众们振振有词地反问："如果他真是无辜的，他为什么要百般为自己狡辩呢？"如此火上加油，这位候选人的情绪变得更坏，也更加气急败坏、声嘶力竭地在各种场合为自己洗刷，谴责谣言的传播。然而，这却更使人们对谣言信以为真。最悲哀的是，连他的太太也开始转而相信谣言，夫妻之间的亲密关系被破坏殆尽。

最后他失败了，从此一蹶不振。

人们在生活中有时会遇到恶意的指控、陷害，更经常会遇到种种难以忍受的恶语中伤。遇到这些不如意，如果我们不能保持冷静，暴跳如雷，大动肝火，结果只能像上面故事中讲的一样，把事情搞得更糟。克制自己的愤怒情绪，只有冷静，才能让你保持足够的清醒，想出真正解决问题的办法。

　　人生不过数十载，大可不必把别人的一些言论、一些可轻可重的身外物太当回事。如果因为他人的以讹传讹而暴躁不安，因为一场生意的失败而自暴自弃，因为旁观者的几句嘲笑而放弃自己的梦想，那么人生便不是你的人生，你不是为了自己而活，而是为他人而活。对过去的事情要拿得起，放得下；对那些无聊的言论要左耳进，右耳出；坦然面对尘世间的风风雨雨，才能活出真正的自我。

8.人在江湖漂，想不气都难

在生活中，我们会听到很多类似这样的气恼的话：太真是太难处了，人际关系实在是太复杂了；人心隔肚皮，有人当面你好好话，背后又说你坏话；人情冷漠，同学或者朋友要聚会了，可来的人永远都只是那么几个；周末想约个人一起吃饭，却不知道这电话该打给谁；同老公怄气了，想找个人倾诉一番，迈出家门，茫然不知该走向何方……

小方最近心情不大好。前不久，她原来供职的那家公司倒闭了，她一下子成了无业人员，而新工作又不能马上找到，生活陷入了困顿境地。让小方更为郁闷的是，在自己心情极度糟糕的时候却不知道该找谁倾诉。

"我自认为平时人缘还不错，大家也都说和我相处很舒服，在北京待了5年多了，认识的人也不少，手机里有几百个电话，同事的、同学的、老乡的、客户的……可我每天拿着手机翻来覆去地看电话本，就是不知道该给谁打个电话。"小方想不明白，为什么自己认识的人越来越多，反而找不到一个可以说心里话的朋友？

现实的生活决定了这种状态，步入社会让我们不得不面临这些，生活的压力让每个人失去了自我，让我们不得已每天看重自己的现状。毕业工作后，同学不再像原来那样的单纯亲切，见面了互相关心的只是收入有没有提高，车子是不是贷款，房子有没有提前还贷。没结婚的互相关注着对方的男女朋友（哪个的朋友更能赚钱，哪个的家里有钱）。似乎人只为了钱而生活，这些尤其让不适应社会的人更加难过。

在工作和生活不确定、不稳定的压力下，人与人之间的互防心理日益加重。现在就业压力越来越大，找到一份好工作已经很不容易，再想奔个好职位，那就更难了。正是由于这种僧多粥少的局面，人们在争好工作好职位的过程中，各种正当的、不正当的竞争行为就难以避免。这也是很多同事之间、同行之间交往只适合于"点到为止"的重要原因。现如今，"事不关己，高高挂起"已经成了社会成员的一个为人处世的潜规则。在这样一个只能"交往"不能"交心""关心"的环境里，是绝对不会出现朋友的。

在现代企业中，人与人之间的人际关系问题让广大职场人士和企业经理人"饱受折磨"。不管是分工合作，还是职位升迁，抑或利益分配，无论其出发点是何其纯洁、公正都会因为某些人的"主观因素"而变得扑朔迷离，纠缠不清。随着这些"主观因素"的渐渐蔓延，原本简单的同事关系、上下级关系变得复杂起来：一个十几个人的办公室，可以有几个不同的派系，更可以有由这些派系滋生出来的上百个纠缠不清的话题。习惯于这种不动声色、波澜不惊的职场老手，将办公室比喻成战场，在这里，每天都进行着一场场没有硝烟战火的较量，不管你累不累，愿不愿意，只要你置身"江湖"，就"身不由己"。

身处复杂的人际环境中，你不要烦恼，更不要动气，你需要足够的冷静，以平和的心态看待周围的一切，凡事多为他人着想，尊重他人，体谅他人，积极主动地与人交往。生活在一个压力重重的环境中，人们往往会把自己的心包起来，不愿意和外界沟通。但是如果你积极主动地用坦诚的态度与人交流，还是能够赢得他人的理解，还是可以在同事圈子里找到朋友的！

你不能改变别人，但你可以改变自己。当你为人际关系烦恼气闷时，不妨碍想想这样一些问题：你是否需要改变对待他们的态度或说话的方式呢？你是否需要和他们直接谈谈？或者，你仅仅需要将注意力从那些琐碎的、让你不舒服的事情上移开，事情就迎刃而解了？

想要获得舒适的人际环境吗？那么，现在就行动起来，对每一个人都友善，你会收获更多。

9.人比人，气死人

"人比人，气死人"，你是否时常因与周围的人攀比而心生不平、甚而动气呢？

某机关有一位小公务员，过着安分守己的平静生活。有一天，他接到一位高中同学的聚会电话。十多年未见，小公务员带着重逢的喜悦前往赴会。昔日的老同学经商有道，住着豪宅，开着名车，一副成功者的派头，这让这位公务员羡慕不已。自从那次聚会之后，这位公务员重返机关上班，好像变了一个人，整天唉声叹气，逢人便诉说心中的烦恼。

"这小子，考试老不及格，凭什么有那么多钱？"他说。

"我们的薪水虽然无法和富豪相比，但不也够花了嘛！"他的同事安慰说。

"够花？我的薪水攒一辈子也买不起一辆奔驰车。"公务员懊丧地跳了起来。

"我们是坐办公室的，有钱我也犯不着买车。"他的同事看得很开。但这位小公务员却终日郁郁寡欢，后来得了重病，卧床不起。

攀比心理是一把刺向自己心灵深处的利剑，对人对己毫无益处。其实人比人并不会气死人，如果可以客观地比较的话，结果肯定是比上不足、比下有余，对于任何一个人来说，都是如此。而会气死人的原因是因为拿自己的缺点跟别人的优点比较，却忽略了自己的优点，他们把比别人差的地方看得很重，比别人好的地方觉得很普通，甚至看不到。有人会说，人怎么可以跟比自己差的人比呢？要比，当然是跟比自己好的人比了。这句话听起来是很积极的心态，好像是在向好的方面学习，能看到不足，然后加以改善，不好吗？当然，如果是这样的心态的话，当然是很好，但问题是，往往自己看到别人好的地方之后，并不是开始好好努力学习，而是不断地埋怨自己，甚至认为自己一无是处。

与别人比并不要紧，看到别人的优点可以去学习，但是这不应该是自卑和烦恼、动气的理由。事实上，为与人攀比而动气的人，往往是因为自身的性格和心理上的问题，使自己产生了自卑的心理。跟心理医生谈谈，就可以更好地了解自己为什么会产生自卑的心态。

在一家公司当干事的老王，就是因为自己被少评一级职称，少长两级工资，便耿耿于怀，终日喋喋不休，有时甚至出口大骂，已发展到精神失常状态。朋友劝其想开些，他根本听不进去，不久便得绝症去世了。细想起来，实在不值得。如果早早自我调节，看到人家事业有成时，如果自己从中看到了努力的方向，脚踏实地，好好工作，也许下一次涨工资的就是自己了。总之，如果能及时调整心态，结局就不会如此了。

所以，人比人是不是气死人，就看我们怎么比，看我们能否调正自己的心态。

10.斤斤计较 "较" 出了气

有的人遇到一点点委屈或很小的得失便斤斤计较、耿耿于怀、动气发火；有的人对学习、生活中一点小小的失误就认为是莫大的失败、挫折，长时间寝食不安；有的人人际交往面窄，追求少数朋友间的 "哥们义气"，只同与自己一致或不超过自己的人交往，容不下那些与自己意见有分歧或比自己强的人。这都是一种心胸狭隘和斤斤计较的心理表现。

狭隘是一种心胸狭窄、气量狭小的心理和人格缺陷。狭隘者常常表现为：吝啬小气，斤斤计较，吃不得亏，会想方设法弥补 "损失"；不能容忍他人的批评，不能受到一点委屈和无意的伤害。

狭隘的产生同家庭中不良因素的影响有很大关系。父母狭隘的心胸，为人处事的方法，不良的生活习惯等对子女都有潜移默化的影响。有些子女狭隘的性格完全是父母性格的翻版。另外，优越的生活环境、溺爱的教育方法往往易形成子女任性、骄傲、利己主义等品质，自然受点委屈便耿耿于怀，对 "异己" 分子不肯容纳与接受。尤其是一些年轻人，阅历浅、经验少，遇到问题后，容易把事情想得过于困难、复杂，加之对自己的能力估计不足，对事情感到无能为力，因而容易紧张、焦虑，放心不下。

对任何事都斤斤计较的人，一定是个狭隘的人。狭隘的人不仅生活在一个狭窄的圈子里，其知识面也往往非常狭窄，其心胸、气量、见识等都局限在一个狭小范围内，不宽广、不宏大。受情绪、认识等的影响，这种人会产生一些盲动的行为，甚至会导致难以预料的后果。

因此，要克服狭隘心，开阔视野很重要。如多参加一些社会公益活动，参观一些伟人、名人纪念馆，听英雄人物事迹报告会等。这能使你在亲身经历中感悟很多人生道理。也可以丰富业余文化生活，参加多种多样的文娱、体育活动，拓宽兴趣范围，使自己时刻感受到生活、学习中的新鲜刺激，感受到生活的美好，陶冶性情，从而在健康向上的氛围中增加精神寄托，消除心理压力。

要克服狭隘心，重要的是多与人接触，使自己对不同的人有不同的认识，从而积累经验，从中明白许多对与错的道理。善于宽容是人的一种美德。与人相处应热情、直率，善于团结互助，融"小我"于"大我"之中。随着交往的增多，可加深彼此了解与沟通，更透彻地了解别人与自己，开阔心胸。

一个人活在世上，就要充分地挖掘生命的潜能，为自己、也为给别人留下点有价值的东西。一旦把眼光放在大事上，对整体、全局有利的人与事就都能容纳。与接受自己一时的得与失就算不上什么了。抛开"自我中心"就不会遇事斤斤计较，"心底无私"才能"天地宽"。

11.为什么世事总是不完美

让人动气的一个重要原因，是我们追求完美，奉行"完美主义"准则。不少人总期望生活中事事都如意，样样都顺心，而一旦事情不像自己想象的那么顺利、完美，就失望悲观，动怒动气。

"完美主义"指对己或对人所要求的一种态度。持完美主义，对任何事都要求达到毫无缺点的地步，因而难免只按理想的标准苛求，而不按现实情境考虑是否应该留有余地。

每个人多少都有追求完美的倾向与需要，希望每件事都尽可能地做到完美的地步。这种倾向是人类追求自我实现与自我超越的动力源泉，促使人们为自己或某些工作设定较高的目标，并更加努力地去完成它。

但是，这种倾向若过度苛求，就会变成完美主义。对任何事都坚持高目标，不考虑自己的能力、环境的条件、他人的需要、工作可达到的限度等对达成目标的限制，而一味地要求目标的完美无缺。如此，往往给自己和他人带来许多压力与责难。完美主义不能忍受所作所为未能达到目标，也不欣赏与肯定自己及他人在努力过程中的付出，而经常地责备自己与他人充满不满与批评。

过度完美主义的人除了因苛责而使自己及他人感到不愉快之外，也容易有由于所定目标过高，又怕无法完成所带来的不完美感而不敢有所作为。如此，反而会给人一种顾虑太多、畏首畏尾的感觉。

有一位大龄女青年，具有高等学历，容貌很漂亮，事业上也很有成就。她在方方面面都对自己要求严格，在很多人眼里，可以算一位相当完美的人。当然她在择偶方面的标准也相当高，稍有缺点的她就看不上，觉得对方配不上自己。又觉得婚姻是终生大事，不能马虎，宁可等着，也不能将就。结果，抱着这样的观念，一晃40岁了，还是孑然一身。她自己感到很奇怪，像她条件这样好的人，为什么就不能被好男人发现呢？

其实她不知道，也许正是她的"完美"把许多男士吓着了。每个人固然希望自己的对象能具有较多的优点，可是如果这个人真的完美，却也让人受不了。首先会怕自己配不上对方；其次，因为对方要求高，你稍有缺点，他（她）就要求你改正，你肯定会活得很紧张、很累。

人本来就是活生生的、有血有肉、有个性、有棱角的个体，生活也是有晴天有雨天，有欢乐有悲伤、有顺利有挫折的真实现实，苛求完美的结果会使自己陷入失望气闷之中。做人需要抛弃完美的心态，以平常心坦然面对和接受生活中的一切。

12.莫名的动气只为小事一桩

　　人活在世上只有短短几十年，很多人却经常为发愁一些小事而浪费了很多时间。

　　现在有以下两组问题需要我们回答：

　　第一组问题——

　　你是否经常因一些琐事烦心？你是否偶尔会控制不住自己发脾气？你是否在工作中受到同事闲言碎语的"旁敲侧击"？有时候你是否会忍不住和他们争辩一番？

　　大多数人的回答是：是的。

　　第二组问题——

　　你是否有着未来三年的人生计划并把它装在自己的脑子内？你是否时时审视自己有没有做到足够宽容和乐观？你是否因某个难题生出一些创意？你是否依靠自己的谅解和幽默又赢得一位朋友？

　　同样，回答的人很多，但他们的结果是：NO。

　　太多的人把目光放在自己身上，放在每天的一成不变的生活规律上，而很少去关注别人的冷热以及自己的内心。他们只看到眼前，而忽略了生活的连续性，忘记了在做事的同时为自己积累发展的资本。

　　我们需要一种战略眼光，做人需要一种大的境界。因此，你不能因那些琐事耽误了你的计划进程。在这个时代，你应该在冷静中保持高效。和庸人争辩显示出你的口才，但也缠住了你前进的脚步。

　　我们一般都能很勇敢地面对生活中那些大的危机，却常常被一些小事搞得垂头丧气。著名企业家柏德先生也常发此感慨："我手下的人能够毫无怨言地从事危险而又艰苦的工作，但我知道，有好几个同室的人却彼此不说话，因为怀疑别人把东西放乱，占了自己的地方。有一个讲究空腹进食细嚼健康法的家伙，每口食物都要嚼28次，而另一人一定要找一个看不见这家伙的位子坐着，才吃得下饭。"

"小事"如果发生在夫妻生活里，还会造成"世界上半数的伤心者"。芝加哥的约瑟夫·沙巴士法官在仲裁了4万多件不愉快的婚姻案件之后说："婚姻生活之所以不美满，最基本的原因往往都是一些小事。"

因鸡毛蒜皮的小事而争执都是不明智的，被那些乱麻般的琐事绊住脚是得不偿失的。最重要的是，你应该坚持不断地培养自己的这种意识——不要因琐事烦恼，不要和小人纠缠，还有更重要的事等着自己做。

13.有事没事就爱生闲气

据说，一代天骄成吉思汗在打猎的时候，口渴难耐，正好附近有一洼山泉，他捧起水来喝。一只老鹰疾飞而至，成吉思汗一惊，喝水的"渴望"被干扰，不禁大怒，抽出羽箭射杀飞鹰。他爬上山顶，发现飞鹰被羽箭穿胸击毙，而死鹰陈尸的山泉水源处有条被鹰啄死的大毒蛇。

如果你是成吉思汗，你会怎么做？你会后悔，自责，庆幸？自认大难不死必有后福？决定以后不要随便发怒，或在发怒情况下不再随便行动？

谁都会的一件事——动气，那太简单了；但是对应当动气的人动气，动气得恰到好处，为正当的理由动气，用正确的方法动气，那就不简单了，而且也不是每个人都有能力驾驭的。

心理学中把情绪分为心境、激情、应激三种状态。其中，心境是一种使人的一切其他体验和活动都感染上情绪色彩的比较持久的情绪状态。它具有弥散性的特点。当一个人处于某种状态时，看待一切事物都受其影响。良好的心境使人对周围的人和事充满兴趣，不良的心境使人感到凡事枯燥无味，容易生闲气。你在家拿妈妈当"出气筒"，就是不良心境的弥散。

一般说来，人在生闲气时容易产生发泄、找"出气筒"等攻击行为。如恶声恶气、摔摔打打、怒目而视、破口大骂、动手打人等。这些攻击行为可能直接针对挫折的制造者，但当觉察出对方不能直接攻击而心中的恶气又要发泄时，常常找个"出气筒"。这个"出气筒"

可能是人，也可能是物。像《红楼梦》里晴雯撕扇子就是对宝玉责备情绪的发泄。

为什么有些人好生闲气呢？原因无非是没正经事做，闲得无聊而心绪不佳，或胸无大志，私心过重，遇事好斤斤计较等。

闲气多源于生活琐事，而在日常生活中，不尽如人意的事是经常发生的。就拿在家里吃饭来说吧，菜很可能做得咸一些或淡一些，不大合自己的口味。一个想得开的人，菜咸些就少吃点儿，淡些就放点盐，同样吃得香。而对于好生闲气者，会觉得菜不可口，心里不痛快。显然，他们是把那些微不足道的小事给夸大了。所以，闲气大多是自找的。

老生闲气的人该问自己一句：我是不是太小心眼了？或者太无聊了？胸怀大目标，心想大事，天天有事做，就不会计较琐事而生闲气了。所以，奉劝你要加强修养，宽厚待人，变责人严为责己严，这样就不会因看谁也不顺眼而生闲气了。

凡事"无所谓"就不容易动气，即使有气也来得快，去得快。俗话说"糊涂也有糊涂福"，人应糊涂一点，尽量少动气，即使动气也应尽快宣泄。

练习心平静：拔除怒火的导火索

一般来说，动怒发作本身就是片面的产物，在愤怒当中是无法全面考虑问题的。全面考虑问题一般是在动气缓冲以后，或自己认识到怒气，而开始控制或积极化解的时候。

1.检视诱因

怒火总是由某一事件或想法引发，这是导火索。引发愤怒的思绪同时也是浇息怒火的关键。后续的事件、想法或思维则起着累积和煽风点火的作用。解铃还需系铃人，要平息愤怒就要拔除愤怒的种子。发现诱因，并对其做出分析，调整期望，往往能够很快地降温、灭火。因此，越快越好，时间愈早效果愈大。

2.考虑前因后果

想象一下后果，看看值不值得。气病了自己没人同情，还让对手看笑话。再看看那件引发愤怒的事情，对你、对环境的损失是不是大于愤怒造成的损失。分析愤怒是否于事无补。分析一下环境和条件的变化，想想有没有别的方案或能不能有效地修正。将事情纳入理性，怒火就会自然而然地消失。

3.提高觉悟

我们应该给别人犯错误和改正错误的机会。认识到伤害了别人就等于伤害了自己。在分工和合作的时代，尽可能化敌为友，关系恶化只会降低系统效率。

4.划清责任

不要认为一件事做得不好就是对方的责任。更不要把外界责任泛化，归咎于整个社会或整个集体。往往大多数人都是无辜的。这也能够使将来的行动有的放矢。

5.改变角度

改变思考的角度是平息怒气的好方法。我们花愈长的时间单向度地思索引发愤怒的原因，便愈能编织出合理的愤怒理由。后一种深思使怒火更旺盛。因此必须完全抛开使你愤怒的事件，重新以更乐观的心态看事情。

第二章

动气是和自己过不去

　　人有时对自己要求过高，想得到的又太多，而自己的能力很难达到，于是我们便感到失望与不满。然后，我们就自己折磨自己，说自己"太笨""不争气"等，就这样经常自己和自己过不去，与自己较劲，感到这也不好那也不顺，时不时地动气。

　　不能饶恕伤害，就是在伤害自己。动气，就是和自己过不去，我们何苦要和自己过不去呢?

1.不能饶恕伤害，就是在伤害自己

太多的人悲叹生命的有限和生活的艰辛，却只有极少数人能在有限的生命中活出自己的快乐。一个人快乐与否，主要取决于什么呢？主要取决于一种心态，特别是如何善待自己的一种心态。

常言道："世间本无事，庸人自扰之。"日复一日重复的无趣，使庸人烦闷异常，不知该不该按自己的想法去做，一切烦恼都由自己产生。

我们都知道"杞人忧天"的故事。杞人不好好地过衣食无忧的日子，这个杞人却偏偏想着：天会不会有一天掉下来砸着我呢？并为此大伤脑筋。"天"在人们头顶上，一年又一年，从没有掉下来，也从没有掉下来的迹象，为"天"发愁，实在是"庸人自扰"！

芸芸众生，也常常自寻烦恼，好生无趣。比如，明明有馒头吃，却仍要烦恼：面包是什么滋味，要能尝尝就好了。住在遮风挡雨的木屋，看着屋外的雨点落地该是多么惬意，却自寻烦恼：有朝一日，能住进宽敞明亮的大瓦房多好。烦恼无处不在，欲望无止境。有了车子，为房子而"烦"，有了房子，为别墅而"烦"，为名誉而"烦"，为地位而"烦"；有了老婆，为没有情人而烦恼；有了工资，为没有外快而辗转反侧，钱少的人为挣钱而烦，钱多的人为钱更多而愁……

"庸人自扰"是多么愚蠢而可笑啊！

静下心来仔细想想，生活中的许多事情并不是你的能力不强，恰恰是因为你的愿望不切实际。我们要相信自己的天赋具有做种种事情的才能，当然，相信自己的能力并不是强求自己去做能力所不及的事情。事实上，世间任何事情都有一个限度，超过了这个限度，好多事情都可能是极其荒谬的。我们应时常肯定自己，尽力发展我们能够发展的东西。只要尽心尽力，只要积极地朝着更高的目标迈进，我们的心中就会保存一份悠然自得。从而，也不会再跟自己过不去，责备、怨恨自己了，因为我们尽力了。即便在生命结束的时候，你也能问心无愧地说，"我已经尽了最大的努力"，那么，你真正的此生无憾了！

所以，凡事别跟自己过不去，要知道，每个人都有或这或那的缺陷，世界上没有完美的人。这样想来，不是为自己开脱，而是使心灵不会被挤压得支离破碎，永远保持对生活的美好认识和执着追求。

别跟自己过不去，是一种精神的解脱，它会促使我们从容走自己选择的路，做自己喜欢的事。假如我们不痛快，要学会原谅自己，这样心里就会少一点阴影。这既是对自己的爱护，也是对生命的珍惜。

2.人生不是死要面子活受罪

死要面子活受罪，这话说得一点也不假。

人不能不要"面子"，否则在社会中他就难以生存。然而，人也不能将"面子"作为一个"包袱"来背着，这样的生活过于沉重、压抑甚至痛苦。"死要面子活受罪"说的就是一些人为了"爱面子"可以忍受任何痛苦，即使受罪也无所顾忌。

生活中，总有一些爱慕虚荣的人为了面子而自己给自己找罪受。有些人越是没钱却越爱装阔，兜里明明没有几个钱了，却仍要请朋友进高档饭馆好好吃一顿；对方明明比自己富裕很多，自己却总是抢着埋单；与人谈天，总要有意无意与别人说一些自己吃过的大餐，去过的高级场所。仔细想想，要这虚荣有何用呢？只是自己给自己找罪受。吃好喝好体面了满足虚荣之后，自己却食无米，穿无衣，住无所，行无鞋，困兽一般憋在角落里，何苦呢？由此想到一个比喻：死鸡撑硬脚。鸡虽然死了，可它的脚却还在硬撑着。想想确实有点可笑，死都死了，还硬撑个什么劲啊？

究其爱面子的心理，根源就在于怕别人瞧不起自己，内心忐忑不安，所以当他们面对一件商品时，往往考虑虚荣比考虑价格的时候多，没钱的自卑像魔鬼一样缠得他们犹豫不决，最终屈服于虚荣，勉强买下自己能力所不能及的东西。于是，社会中有了一种怪现象，越穷的人越不喜欢廉价品，越是没有钱的人越爱花钱去显示自己。

其实，真正有钱的人未必如此大手大脚。有位兼任数家公司董事长的成功人士，他从来不在乎别人对他的称呼——小气财神。他和朋友去餐馆吃饭时，大都随便点一些菜，几杯清茶，仅此而已。他的衣着也很普通，但十分整洁，并不是什么名牌。他的车子也不是奔驰等名牌车，就是普普通通的一辆车。他的公司业绩很好，而且个人的资产也不菲，但他依然不被虚荣所累。

如果你再留心看那些旅游观光的外国客人，他们的穿着打扮都是很随便和俭朴的，有的真是近于邋遢，事实上，这些人中不乏富豪之人。

面子有时是唬人的面具，光为面子活着是很累、很可悲，其实，一个人有无面子的关键不是富与不富的问题，而在于他的品德。有时，"里子"比面子更重要。

现代社会的竞争法则不是教人不要面子，而是市场经济越发展，就越要求人人都要讲究"面子"，有"诚信"，否则，谁都不会是赢家。然而，也不能太在乎"面子"，否则，吃亏、受罪的总是你自己。我们都是凡夫俗子，没有必要"死要面子"。

3.尺也有所短，寸也有所长

"尺有所短，寸有所长"，这句话比喻人或事物各有其长处和短处。

在量具世界里，生活着大大小小的量具，它们大多相处得很好，各司其职。但是也有个别的量具，老是觉得自己了不起，动不动就小看其他的，尺就是其中的一个。

有一天，尺骄傲地对寸说："你看看我，多么苗条，多么修长，人们就喜欢用我，李白还说过'飞流直下三千尺'呢，再看看你，矮矮胖胖的，就像个胖冬瓜，人们怎么说你呢，'鼠目寸光'！"

寸听了以后，羞红了脸，但它不想和尺争辩，于是就默默地走开了。

后来，主人听说了这件事，决定好好教育一下尺，便拿它去量一丈长的东西，尺不够长，只好弓着身子一段一段地量，好不容易量完了，却差了一大截，它量不准了。接着主人又派寸去量一厘米长的东西，寸很轻易就做到了。

主人就对尺说："现在你知道了吧！尺，你也有你的短处，有些事情你也同样办不到。寸呢，虽然长得小了点，可它也有它的长处，它同样可以量东西的，你可不能小看它！"尺听了以后，羞愧地低下了头。

生活在这个世界上的每一个人都有自己的长处和优点，也同样都有自己的短处和不足。有的人虽然在有些方面能力差一点，但他可能会做一些别人做不了的事，而有的人虽然看起来很聪明，但也不见得什么事都会做。所以，什么时候都不能小看自己，要记住：尺有所短，寸有所长。

假如别人有两条腿，而你只有一条腿；假如别人富有，而你比较贫穷；假如你长得胖、瘦、美、丑、金发、黑发、害羞或进取——无论哪一点使你与众不同，都很可能成为你的缺陷——只要你自己这么认为。不成熟的人随时可以把自己与众不同的地方看成是缺陷、是障碍，然后觉得自己什么都不如别人。成熟的人则不然，他先认清自己的不同之处，然后看是要接受它们，还是加以改进。

人生的诀窍在于发现自己的长处，找到发挥自己优势的最佳位置。人才使用当用其长处。从长处看人，世无无用之才；从短处看人，人人难逃平庸。因此，我们应该以平常心看待每一个人，善于发现其长处且使之为己所用。

4.人非圣贤，孰能无过

　　如果你仔细观察周围，你就会发现，在我们的宁静生活中，大多数人都是亲切的，富有爱心的，也是宽容的。如果你犯了错，而且真诚地希望他人宽恕时，绝大多数人不仅会原谅你，他们还会把这事儿忘得一干二净，使你再次面对他们时一点愧疚感也没有。

　　可贵的是，我们这种亲切的态度对所有人都一样，没有人种、地域、民族的分别，但就只对一个人例外那就是我们自己。

　　也许你会怀疑，"人类不都是自私的吗？怎么可能严于律己，宽以待人？"是的，人总是会很容易原谅自己，不过，这只是表面上的饶恕而已，如果不这么自我安慰的话，如何去面对他人？但在深层的思维里一定会反复地自责："为什么我会那么笨？当时要是细心一点就好了。""我真该死，这样的错怎能让它发生？"

　　如果你还不相信，请你再想想自己有没有犯过严重的错误，如果有，那你一定对此耿耿于怀，并没真正忘了它。表面上你是原谅了自己，实际上你是将自责收进了潜意识里。

　　我们可以对他人宽大，难道就没有资格获得自己这种仁慈的对待吗？

　　没错，我们是犯了错。但这个世界上谁能无过？犯了错只表示我们是人，不代表就该承受如下地狱般的折磨。人的一生中犯的错误太多了，要是对每一件事都深深地自责，一辈子都背着一大袋的罪恶感过生活，你还能奢望自己走多远？

　　犯错对任何人而言都不是一件愉快的事情，一个人遭受打击的时候，难免会消沉。在那一段灰色的日子里，你会觉得自己就像失败的拳击，被那重重的一拳击倒在地，头昏眼花，满耳都是观众的嘲笑和那失败的感觉。在那时候，你会觉得简直不想爬起来了，觉得你已经没有力气爬起来了。可是，你会爬起来的。不管是在裁判数到十之前，还是之后。而且，你还会慢慢恢复体力，平复创伤，你的眼睛会再度张开来，看见光明的前途。你会忘掉观众的嘲笑和失败的耻辱。你会为自己找一条合适的路——不要再去做挨拳头的选手。

玛丽·科莱利说："如果我是块泥土，那么我这块泥土也要预备给勇敢的人来践踏。"如果在表情和言行上时时显露着卑微，每件事情上都不信任自己、不尊重自己，那么这种人得不到别人的尊重。

造物主给予人巨大的力量，鼓励人去从事伟大的事。这种力量潜伏在我们的脑海里，使每个人都具有宏韬伟略，能够精神不灭、万古流芳。如果一个人不尽到对自己人生的职责，在最有力量、最可能成功的时候不把自己的力量施展出来，那么他不可能成功。

宽恕自己，才能把犯错与自责的逆风化为成功的推力。

人非圣贤，孰能无过？我们唯一能做的是正视错误的存在，从错误中学习，以确保未来不会犯同样的错误。然后学会宽恕自己，最后忘掉错误，继续前进。

5.美丑都是福，何必跟容貌斗气

不少人经常为自己的容貌烦恼动气，抱怨父母没有给自己一张美丽的脸。

不错，容貌是与生俱来的，是父母给的。有的人漂亮，有的人丑陋，也有的人既不美丽也不丑陋，属于中等长相那种。

一个人的容貌本来也没什么，可是人是一种追求完美的高级动物。况且，人还有意识，总希望自己眼前的东西能够"赏心悦目"，因此容貌的美丑就极为重要了。

其实，无论容貌好与坏，带给人的烦恼往往是一样多的。

珍妮是位女教师。她对自己的脸感到很不满意，哪儿看起来都不顺眼，因此她决定去整容。医师仔细地望着她，认为她长得并不难看，问题就在于她把自己估计得太低。医师还是动手术稍微改善了她的五官，但只是动了一些小手术，比她所要求的要少很多。

珍妮很不高兴，她一边打量着镜中的自己一边埋怨道："你并没有对我的脸做太大的改变。"医师说："你的脸本来就只需稍作改变，唯一的问题是你使用脸的方式错了。你把它当作一个面具，用来遮掩你的真实感觉。"

珍妮伤心地低下头说："我已尽最大的努力了。"

医师理解地看着她。珍妮沉默片刻，然后吐露了心声：每一天她到学校去时都像戴着面具，表现出最好的一面，把所有的感情全部隐藏起来，只留下她认为"正确"的一部分。3年的教学生活，孩子们总是嘲笑她。

医师说："孩子们嘲笑你是因为他们已看出你一直在演戏。身为一名教师，并不一定非要表现得十全十美，偶尔也可以表现得愚蠢一点，学生仍然会尊重你。拿掉你的面具，你会更喜欢你自己。"

离开诊所后，珍妮心情好多了。几个月后，她再也不担心她的脸了，她也不再焦虑。

其实，容貌美丽者有容貌美丽者的烦恼，这往往是容貌平平的人所体会不到的。美好的容貌可能给你带来幸运，却不一定能带给你幸福。美好的容貌是一张通行证，既可以使人上天堂，也可以使人下地狱。容貌美丽者整日生活在"求美无小事"中，或梳妆，或保养，日子久了，难免生出些烦闷。

爱美之心，人皆有之。追求美，无可厚非。从古至今，人都在追求着美。然而，过分地追求外表美就陷入了生活误区，而为自己的容貌不美观抱怨动气则更是毫无必要了。毕竟，人不能靠容貌吃饭、生活，况且，外表美也不能持久，人应该追求内在的心灵美，只有内在的心灵美才是支撑生命、让生命永久焕发光彩的力量源泉。

6.生活就是一个甜蜜的负担

生活中本来就充满酸甜苦辣，生而为人自然要体会百味人生。既然已经选择生活，就应：宠辱不惊，漫随天外云卷云舒；去留无意，笑看庭前花开花落。在人生中，不应该逃避生活，在奋斗的过程中保持一颗平常心，坐看云起，一任沧桑，就会活得惬意。

生活中不会一切都圆圆满满，不要幻想在生活的四季中永远享受春天，每个人的一生都注定要跋涉沟沟坎坎，品尝苦涩与无奈，经历挫折与失意。

生而为人乃是一种缘分，既然选择了生活，就应该直面生活道路上的坑坑洼洼，就应该勇敢背负人生的背篓。人生不售返程票，何妨让一切随缘，洒脱一生呢？

在生活中，常常听有人感叹活得太辛苦，压力太大，其实，这往往是因为我们还没有衡量清楚自己的能力、兴趣、经验，便给自己在人生各个路段设下了过高的目标。这个目标不是根据个人实际情况制定的，而是和他人比较制定的，所以，每天为了完成目标，不得不背着责任的包袱去生活，不得不忍受辛苦和疲惫的折磨。

人首先要为自己负责任。有的人不看实际情况，要求自己必须考上名牌大学，必须学热门专业，认为这是自己的责任，只有这样才算完美人生。许多大学毕业生不愿去基层，不愿去艰苦地区，就是因为他们人生的背篓中背负有太多的所谓的责任。这种以私利为出发点的个人抱负，已褪变为一个包袱压在身上，让人喘不过气来。可有人却乐此不疲。

　　人们常说："什么事都归咎于他人是不好的行为。"但真的是这样的吗？许多人动不动就把错误归咎于自己，其实这也是不正确的观念。比如说，有的人因孩子学习不好而整天苦恼，因孩子没考上大学而内疚。只要自己尽力去为孩子做该做的一切了，因为其他原因而落榜，怎么能把责任归到自己身上呢？再者，塞翁失马焉知非福？说不定孩子能在其他方面有成就呢。

　　了解自己，做你自己，不必勉强自己、掩饰自己，也就不会因背负太重的责任包袱而扭曲自己。如此，就能少一些精神束缚，多几分心灵的舒展；就少一点自责，多几分人生的快乐。

　　有的人对自己和社会格格不入的个性感到烦恼，可你如果把它想成这种个性是与生俱来的，是上天所赐予的，并非自己努力不够。这样一想，也就不再责备自己，不再烦恼了。

　　歌德曾经说过："责任就是对自己要求去做的事情有一种爱。"只有认清了在这个世界上要做的事情，认真去做自己喜爱的事，我们就会获得一种内在的平静和充实。知道自己的责任之所在，并背负了适合自己的责任包袱，我们就能体会到人生旅途的快乐。

　　生活中有许多不快乐，当你抱怨生活烦闷、感到人生不顺的时候，应该让自己明智一点，不要用"高标准"去为难自己。卸掉自己背负的沉重包袱，不再折磨自己，人生会更轻松。

7.要为明天准备，不为昨天哭泣

一位得道的高僧休息前吩咐他的小弟子去给佛祖点上香火，这个粗手粗脚的小和尚不小心把香炉打翻了，香灰撒了一地，刚刚插好的香火也断了，差点儿燃着了整个祭堂。小和尚知道自己闯了大祸，偷偷地躲了起来。第二日，高僧找不到小和尚，便亲自来到祭堂探究原因，得知了事情真相后，他稍微有些动气，但是很快就平息了下来。他派人去把躲藏起来的小和尚叫来。小和尚因为害怕，哭了一夜，眼睛肿肿的，心想这次肯定被重罚。高僧看了一眼小和尚："你耽误了今天的晨课，知道吗？"小和尚抬起头，很不解地望着和尚，然后低头主动认错："师傅，我错了。我昨晚打翻了香炉，你不动气吗？为何今日不责罚我，反而仅仅怪我耽误了晨课呢？"

老和尚语重心长地说："昨天你犯的错误，我是很动气，可是事情已经过去了，再来追究谁的责任已无益处。昨天香灰已洒，香火已断已经是无法挽回的事情了，唯一可以做的便是今天马上换上新的香灰，重新点上香火，再把今日的晨课补回来。如果因为昨天的失误，把今天的光阴也赔进去的话，那才是不可饶恕的。你明白了吗？"小和尚恍然大悟。

或许我们每一个人都曾经扮演过这个小和尚的角色，我们为了昨天的失误而哭泣，甚至放弃了今日应该做的事情，明日再为今日的放弃而哭泣。日日相仿，人生就这样丢失了它的意义。当昨天的事情我们已经无力改变，那么就应该勇敢地去面对它。把握好今天才是最有价值的行为。

　　很多人对于过去都无法释然。站在时间的长河中，如果不把注意力放在美好的今天和明天，而总是沉浸于往事中，是极不明智的做法。昨天固然和我们有关，但是希望是不可能从昨天产生的，生活的奇迹永远是靠今天去创造的。

　　人生由3天组成，昨天、今天和明天。如果你在忙碌的今天为了昨天的失败或不幸而哭泣，那么你的今天就只剩下泪水。试问，你的明天又将何去何从？

8.不做最好的别人，只做最好的自己

有这样一个故事：

从前，有一位画家想画出一幅人人见了都喜欢的画。画毕，他拿到市场上去展出。画旁放了一支笔，并附上说明：每一位观赏者，如果认为此画有欠佳之笔，均可在画中做记号。

晚上，画家取回了画，发现整个画面都涂满了记号——没有一笔一画不被指责。画家十分不快，对这次尝试深感失望。

画家决定换一种方法去试试。他又临摹了同样的画拿到市场展出。可这一次，他要求每位观赏者将其最为欣赏的妙笔都标上记号。当画家再取回画时，他发现画面又涂遍了记号——一切曾被指责的笔画，如今却都换上赞美的标记。

"哦！"画家不无感慨地说道，"我现在发现一个奥妙，那就是我们不管干什么，只要使一部分人满意就够了。因为，在有些人看来是丑恶的东西，在另一些人眼里恰恰是美好的。"

所谓众口难调，一味听信于人便会丧失自己，便会做任何事都患得患失，诚惶诚恐。这种人一辈子也成不了大事。他们整天活在别人的阴影里，太在乎上司的态度，太在乎老板的眼神，太在乎周围人对自己的看法。这样的人生，还有什么意义可言呢？

人各有各的原则，各有各的性格。有的人活跃，有的人沉稳，有的人热爱交际，有的人喜欢独处。不论什么样的人生，只要自己感到幸福又不妨碍他人，那就足矣，不要压抑自己的天性，失去自己做人的原则。只要活出自信，活出自己的风格，就让别人去说好了。正像但丁说的那样："走自己的路，让人们去说吧！"

挪威大剧作家易卜生有句名言："人的第一天职是什么？答案很简单：做自己。"是的，做人首先要做自己，首先要认清自己，把握自己的命运，实现自己的人生价值，只有这样，才真正算是自己的主人。

我们有权利决定生活中该做什么，不能由别人来代做决定，更不能让别人来左右我们的意志，而自己却成了傀儡。只有自己最了解自己，别人并不见得比自己高明多少，也不会比自己更了解自身实力，只有自己的决定才是最好的。

9.活着就要对自己好一点

　　自我责备、自我苛求是痛苦的，因此人要学会自己宽容自己。覆水难收，痛苦只会让我们沉沦，别放走现在的幸福。或许我们可以补救自己的过失，但我们仍然要怀着快乐的心情去做。

　　玛格丽特·桑斯特是一位杰出的社会活动家。十几年前，她遇到一位一条腿严重扭曲的男孩。极富同情心的玛格丽特立即将这个男孩带到医院做了外科检查。检查后发现，如果经过一系列的手术，小男孩的腿是完全有可能康复的。经过多方奔走和说服，医院同意减免一部分医疗费用，一位银行家开出了一张限额支票，小男孩的家人以及玛格丽特本人也筹集了一部分资金。

　　一切都进展得非常顺利。"当有一天，我看到小男孩居然跑了起来，"玛格丽特回忆道，"我的泪水抑制不住地流了下来。"

　　"现在，小男孩已经变成了一位健壮的小伙子。"玛格丽特向她的听众问道，"你们知道他今天是做什么的吗？"玛格丽特顿了一下："他因为抢劫，正在监狱里度着他的3年刑期。"

　　说到这里，台下一片寂然，玛格丽特已是泪流满面。她哽咽着继续讲述道："这是我一生中最愧疚的一件事情。我只顾忙于教他如何走路，而忽略了更重要的事情，那就是教他应该往哪里走！"

　　正如上文的玛格丽特·桑斯特，我们每一个人做了愧疚的事后都会不安与后悔，但愧疚无法挽回我们的失误，心理专家这样忠告我们：把苦恼与不幸看作人生不可避免的一部分，当我们遭遇不幸，抬起头，严肃对待它，并且说："没事的，这一切都会过去。"有时候，虽然我们做得不对，但对于无法挽回的现实，我们似应当笑着应对。自责并不能使自己的过失减轻，只会加重自己的心理负担。玛格丽特·桑斯特做得已经很好了，她帮助小男孩治疗残疾，对男孩已经是很大的恩赐，但如果把男孩的堕落也归结到玛格丽特·桑斯特身上，那便成了天大的错误，这样的话，谁还敢继续去做社会公益事业呢？

当我们为一些做错的事在精神上折磨自己，我们的身体也同样受到了打击。明明知道事实无法挽回，却偏要去挽救；明知道已经失去，却偏要固执地去为此痛苦不已，这样做不仅无益，而且对我们的身体、生活甚至人生都是一种无谓的浪费。

学会宽容自己，善待自己，别把手中的幸福轻易放弃，即使有些事可以挽救，我们也要怀着快乐的心情去做。

当一个人追求某项目标而达不到时，为了减少内心的失望，可以找一个理由来安慰自己，就如狐狸吃不到葡萄说葡萄酸一样。这不是自欺欺人，偶尔作为缓解情绪的方法是很有好处的。

练习心平静：善待自己，善待人生

当你爆发愤怒情绪时，无论什么原因，不但会使你的肾上腺素分泌急速上升，更重要的是，你根本得不到任何益处，动气无疑是在和自己过不去。动气时，要学会自己控制，善待自己，有助于你消除怒火，内心平静。

1.转移思想

动气时，如果始终想着动气的事情，会越想越动气，越想越难过。相反，如果通过其他途径有意识地转移自己的思想，做一些自己喜欢的事情，比如逗孩子玩，去商场购物，就可以转移大脑的兴奋点，让怒气在不知不觉中消失。

2.寻找港湾

生活中需要一个能让自己休养的港湾。烦恼时去放松，就像一只远航归来的帆船一样，在这宁静的港口及时得到休整。这个港湾可以是一间充满花香的"闺房"，可以是一个深造提高的培训班，也可以是一次独来独往的旅行。

3.享受生活

生活是美好的，虽然有时候会和人开个玩笑，让人跌上一跤，但说不定让你跌倒的时候，会放一个金元宝在地上等着你去捡。学会体会生活的美丽，学会享受自然的恩赐，学会欣赏别人，也学会自我欣赏。

第四章

动气是拿别人的错误惩罚自己

　　动气是一种失控的行为，是一种因他人的失误、过错而惩罚自己的行为，这种惩罚对人们只有坏处没有好处。愤怒容易让人们冲动，冲动之下的行为表现往往不够理智，结果酿成令我们遗憾的结局。所以，愤怒要控制好，不要轻易动怒。

　　动气前要这样想一想：这样做能否达到目的？对自己有无益处？对解决事情有无帮助？

1.冲动是魔鬼，谁碰谁后悔

当一个人冲动时，其全部的注意力都集中在导致他冲动的这一件事情上，对于其他的诸如后果之类的问题根本就没有时间和空间去考虑。因此有人说，"冲动是魔鬼"。无数个令人扼腕叹息的悲剧一再向众人诠释了这句话。包括我们，在自己的经历中也多少有些体会。

心理学家认为，人在受到伤害时，愤怒是正常的反应。而第一个念头便是想攻击伤害自己的人，但在行动前最好先问问自己：这样做能否达到目的？对解决事情有无帮助？

这是一个真实的故事：在临近高考还有23天的那天早上，在一个时常洋溢着欢乐笑声的班集体里，同学们正在全神贯注地填着志愿表。一切都是那么的平静，谁也不敢相信一场流血事件即将发生……

小全，全年级师生公认的一名高材生，拥有无限的前程。但他做事很冲动，只要情绪一来就根本不知道什么是冷静，什么是君子动口不动手。其实他并不想伤害别人，更不想毁了自己的前途。那是理智与他无缘呢，还是他自己放弃了对理智的索求？

事情的起因很简单，一位同学从小全身边走过时，不小心碰了他一下，小全不高兴地说："走路看着点！"那位同学不以为意地说："怕碰就别在这里坐着。"小全的火气"腾"地一下窜了上来，对着那个同学的面门就是一拳……

待他冷静下来后，他才发现不应该发生的一切已成了现实。他把那位同学的双眼给打瞎了，年满18岁的他将要面临严峻的刑事处罚。

冲动让一个前程似锦的少年走向了囹圄，知道此事的人无不欷歔。

因为冲动而使自己受伤害的例子举不胜举。比如，自己向来尊敬的人，如果做出令我们伤心的事情，我们很可能立即讽刺回去；受了陌生人的气，恨不得用原子弹炸他，等等。其中，办公室是最容易滋生怒火的场所，当我们看到能力平平的同事晋升而自己却备受冷落时便会怒火中烧；天天为公司卖命，偶尔早点下班，主管就语带讥讽地说："今天才上半天班就自动下班了呀！"便一怒之下跑到老板面前拍桌子，把辞呈往老板面前重重一摔，然后自以为很帅地说："我不干了！"。这些做法在当时可能是出了一口气，但最后吃亏的还是我们自己。

在现实生活中，人总是很容易产生冲动。在一种氛围中，在一种情景下，冲动的情绪会急速冲破理性的防线，使人的情绪、思维和行为出现非常规的反应。人在冲动的时候，大脑最容易短路。人在短路大脑的控制下，要对棘手问题做出及时、正确的反应几乎是不可能的。简单地说，就是因为人在冲动的时候容易做出一些平时连想都不会去想的事情，从而造成对自己或是对他人的伤害。

理性地面对社会百态，理性地处事，是为人的高素质的体现，也是心平气和、情感睿智的反映。

2.在自己的错觉认知下气急败坏

在日常的生活中，有很多人都曾经碰到下列情形：

你和朋友碰面谈事情一向都很准时，但由于塞车曾迟到两次，当你晚了10分钟才出现时，你的朋友马上不耐烦地说："你怎么老是迟到啊？"朋友忘记了一向都是你等他的。

你被误解了，你有什么错呢？可是批评与打击照样加到你的头上。这就是我们所说的"人祸"——一种极其恶劣的思维及行事习惯，这样的行为会引发负面的连锁反应。

在心理学的认知治疗学派中，将这种思考上的偏差称之为"认知扭曲"，也就是一种错误的思考模式。上述例子的现象可称为"以偏概全"，亦即当事人仅是偶尔出现某些行为，却被概括成"每次都是这样""总是如此"。

这些认知扭曲经常是当事人一种不自觉的、几乎是自动化的反应模式。这种模式由于轻易地否定了别人，往往造成当事人在人际上的困难，但是当事人却经常不自知且无法理解自己对别人的伤害。而如果这种思考模式的对象是针对自己的行为，当事人就会出现如下自贬的思考："我太笨了，为什么我总是犯同样的错？""我连这种小事都做不好，还奢谈什么成功的未来？""我的女友不要我了，我一定会单身一辈子，孤独而终了。"如此的认知扭曲，结果就是造成自尊心低落，情绪沮丧。严重的就是产生"恨"，产生怨怼报复心理。

你是否有这种习惯思维模式？你是否遭受过这种"扭曲"心理的危害？你该如何处理？要如何才能终止这样的思考模式？方法其实不

难，就是要训练自己在出现这类思考时马上中断这个自动思考的连锁反应，停下来，自问："我这样想，有什么确实的证据吗？""事情还有没有其他可能的解释？""结果真的一定会变成那么糟吗？难道我真的要等待命运的判决而不力图改变吗？"

如果你能时时警觉自己常出现的认知扭曲，并且努力地、不停地进行自我修正错误的思考，渐渐地，你将发现自己承受无端打击的能力会越来越强。

3.我们有充足的理由愤怒吗

我们发怒，总是认为自己有足够的理由。

心理分析学家弗洛伊德认为，愤怒源自于个体潜意识的内容，而形成潜意识最原始的资料来自于婴儿的早期生活经验。婴儿早期生活经验的形成离不开父母亲正确的养育，尤其是母亲。弗洛伊德认为婴儿从出生开始就面对两种冲突经验的困扰，好的经验和不好的经验。好的经验源自于母亲爱的哺育、温暖的身体接触，于是婴儿获得了满足，产生了愉快的感觉经验；如果婴儿感受到母亲的愤怒或不满，或感受饥饿、尿湿、冰冷和冷漠的不好感觉，那么它们就会转化成愤怒的情绪基础。

心理分析认为，只要父母能正常满足婴儿的需求，婴儿便有能力以"健康的抗议"来面对一些不好的经验，如延迟的喂养、尿不湿的更换或者冰冷的婴儿床等。父母亲如果接受孩子的抗议，婴儿就会将好的父母影像长时间留在心中，相对地也可以忍受生活中不可避免的因挫折而产生的愤怒。

愤怒是不好的情绪，但若能遇到好的包容者，如童年时期的父母、成长时期的老师、成年期的自己，他们接纳这些负面的经验，并且允许它们的存在以及表达，他们就能从这种包容的历程中，领会生活的真谛，从而协调矛盾存在的本质。因此，健康的抗议可以帮助婴儿度过失落的挫折，使婴儿接受现实生活情境中的失落，感受生活的不平坦。

愤怒表达了一个人压抑在潜意识中的不愉悦经验。如遇到无法应对的挫折时，人们只能将其转向自己，衍变为愤怒的情绪。独吞愤怒的苦果只会让自己更加受伤，所以人天生拥有的防御机制迫使他们把愤怒的情绪洒向他人，来保护自己，尤其是那些弱势群体，更容易成为受伤害的对象。

　　每一个愤怒的人都会为自己寻找最合适的理由，实际上这也是保护自己的一种手段。然而，很多时候我们在保护自己的同时却伤害了别人，有时是小伤，有时是大伤。不管是大是小，伤害都已经造成。习惯为自己找理由、找借口的人，往往遮蔽了双眼，看不清原来别人也在哭泣，而且还是自己弄哭的。他们把自己的怒气指向他人，或者在愤怒的情绪下工作、学习、生活，习惯一味地认为自己受伤最重。其实，疗伤才是自己应该要掌握的主旋律。

4.倔脾气真的改不了吗

　　有很多人在动气发怒之后习惯给自己找借口，他们说："我天生就这样。""我也没办法呀！"并以此来求得别人的原谅。如果偶尔如此，我们会嘲笑他，又在给自己找借口了！可是当他习惯于这样说之后，当我们数十遍的劝谏都无济于事之后，也许你就会疑惑起来，难道他的脾气真是天生的吗？

　　有一个人脾气很暴躁，常常为得罪别人而懊恼不已，所以一直想将这暴躁的坏脾气改掉。后来，他决定好好修行，改变自己的脾气。于是他花了许多钱，盖了一座庙，并且特地找人在庙门口写上"百忍寺"3个大字。这个人为了显示自己修行的诚心，每天都站在庙门口，一一向前来参拜的香客说明自己改过向善的心意。香客们听了他的说明，都十分钦佩他的用心良苦，也纷纷称赞他改变自己的决心。

　　这一天，他一如往常站在庙门口，向香客解释他建造百忍寺的意义时，其中一位年纪大的香客因为不认识字，而向这个修行者询问牌匾上到底写了些什么。修行者回答香客说："牌匾上写的3个字是'百忍寺'。"香客没听清楚，于是再问了一次。这次，修行者的口气开始有些不耐烦："上面写的是'百忍寺'。"等到香客问第三次时，修行者已经按捺不住，很动气地回答："你是聋子啊？跟你说上面写的是'百忍寺'，你难道听不懂吗？"

　　香客听了，笑着说："你才不过说了3遍就忍受不了了，还建什么百忍寺呢？"

　　科学家认为，人之所以暴躁、爱发怒是和大脑神经系统有关。大脑前额叶皮层对感情、道德等情绪有影响，并负责产生行动的神经冲动，这就导致了举止暴躁等表现。

有这么一个故事说得很好。

盘珪禅师说法时不仅浅显易懂，也常在结束之前让信徒提问题，并当场解说，因此不远千里慕道而来的信徒很多。

有一天，一位信徒请示盘珪禅师说：

"我天生暴躁，不知要如何改正？"

盘珪："是怎么一个天生法？你把它拿出来给我看，我帮你改掉。"

信徒："不！现在没有，一碰到事情，那'天生'的性急暴躁才会跑出来。"

盘珪："如果现在没有，只是在某种偶发的情况下才会出现，那么就是你和别人争执时，自己造就出来的，现在你却把它说成是天生的，将过错推给父母，实在是太不公平了。"

信徒经此开示，会意过来，再也不轻易地发脾气了。

故事的答案很明显，只要有心，没有改不了的习惯。

5.动气是拿别人的错误惩罚自己

有这样一个极富哲理的故事：

有一天，佛陀在竹林精舍的时候，一个婆罗门突然闯进来，因为同族的人都出家到佛陀这里来，令他很不满。佛陀默默地听他的无理胡骂之后，等他稍微安静后对他说："婆罗门啊，你的家偶尔也有访客吧！""当然有，你何必问此！""婆罗门啊，那个时候，偶尔你也会款待客人吧？""那是当然的了！""婆罗门啊，假如那个时候，访客不接受你的款待，那么，这些菜肴应该归于谁呢？""要是他不吃的话，那些菜肴只好再归于我！"佛陀看着他，又说道："婆罗门啊，你今天在我的面前说了很多坏话，但是我并不接受它，所以你的无理胡骂，那是归于你的！如果我被谩骂，而再以恶语相向时，就有如主客一起用餐一样，因此我不接受这个菜肴。"然后，佛陀为他说了以下的偈："对愤怒的人，以愤怒还牙，是一件不应该的事。对愤怒的人，不以愤怒还牙的人，将可得到两个胜利：知道他人的愤怒，而以正念镇静自己的人，不但能胜于自己，也能胜于他人。"婆罗门经过这番教诲，出家佛陀门下，成为阿罗汉。

愤怒是烦恼，是用别人的过错来惩罚自己的蠢行。当你对某人所做的某事不满、动气，说明此人在你心目中占有一席之地，你重视、在乎此人，你不希望他所做之事会令你不快更不希望会伤害到你。如果确实这个人在你的心目中占有一席之地，你动气还情有可原。如果你们之间什么关系都没有，那生什么气呢？为了一个跟你毫无瓜葛的人动气值得吗？再进一步来说，别人犯了错而你去动气，岂不正是拿别人的错误来惩罚自己吗?

　　动气是拿别人的错误惩罚自己。然而，真正做到不惩罚自己的人又有多少? 走在路上被人泼了水，也不知道是什么水。虽然对方一个劲儿地道歉，你也明白人家不是故意的，可是看着自己湿漉漉的衣服，还是忍不住抱怨："真可恶，怎么这么倒霉?"于是你一整天都在想这件事，又后悔不已：早知道就早点出门，或晚点出门。总之，到头来还是在生自己的气。现在想一想，真是不值得，反正被泼了就泼了，再怎么抱怨、后悔都没用，衣服还是湿的。那么倒不如这样想，也许我穿这件衣服不好看呢，不是常说遇水则发吗? 这样一来，快乐指数就上来了，回家换件衣服，重新开始新的一天。

　　不必为了一件已经无法挽回的事而破坏自己的情绪，不必拿别人的错误惩罚自己，也不要将自己的错误迁就于别人的身上，冷静地分析问题，就能做到不动气。

6.要息怒就避开矛盾的焦点

每个人都有一些难以启齿的忌讳，人人都讨厌自己的忌讳受到别人的冲撞。同事之间相互沟通时要千万注意，千万不能忽视了这些问题。

一次，几位同事在一起喝酒。小李为了表达对小张取得成绩的钦佩之情，举杯倡议道："我建议为小张的成功干杯！总结小张的曲折经历，我得出这样一个结论：凡是成大事的人，必须具备三证！"众人惊异地问道："哪三证？"小李提高嗓门喊道："第一是大学毕业证；第二是监狱释放证；第三是离婚证！"话音刚落，众人皆哗然，小张硬撑着喝下了那杯苦涩的酒。这三证中的后两证无疑是小张的忌讳，而小李却没遮拦地把它们说出来了。小张不想让别人知道，小李却把它们捅出来。这件事警示我们，在激励自己的同事，即使是非常要好的同事的时候，千万要避开那些焦点问题。人心隔肚皮，每个人的心里都有一块自留地，我们必须要尊重他们，不能够开那些残酷的玩笑。

如果你能巧妙地避开焦点，那将是另一番光景，别人会因为你识大体、顾大局而欣然接受你；反之，正如约翰·莫非在《你的生活》杂志上的文章中所说的那样："小看别人，自己也会变得渺小。"

美国俄亥俄州黛唐市的国立现金收入纪录公司有着全国最杰出的销售势力。这个公司的销售训练部主任拉尔夫·奈格里告诉我："保证推销员工作符合要求的秘密在于，不是向他们讲公司的意图，而是给他们一个把推销工作做得更好的刺激。"

拉尔夫从来不说："如果你想在这里工作，你就必须干大量的跑腿的活儿。"相反，他更可能会说这样一些话："如果你强迫自己出去多做一些访问和请示，你就会大大地增加自己的收入。"

这是圆通的说法。推销员的工作本来就是跑腿的，但你直率地说出这个字眼来，那就使他们感到你对他们的鄙夷，从而干不出很好的业绩。但是换一种说法，就避开了这个令他们生厌的忌讳，让他们放心地去做好工作。

在日常生活中，有很多事可使人产生愤怒，如遇到这种情况要尽量躲开，或暂时回避一下，以免使矛盾激化，这是一种消极的制怒方法。

7.动气的时候不要做决定

人动气时，说话做事的智商只相当于5岁孩童，所以不要轻易做决定。

列夫·托尔斯泰说："愤怒使别人遭殃，但受害最大的却是自己。"人一旦处于愤怒的状态便会失去理智，难以保持清醒的头脑。会做出错误的判断，因而做错事、蠢事的几率便大大增加。

女人在生小孩时，他男人出车祸死了。女人是坚强的，她决定独自一人把孩子拉扯大，幸好他家有条聪明能干的狗，能帮她照看孩子。

有一天，女人有事外出，很晚才回来。狗知道主人回来了，欢快地跑出来迎接。可是女人看到狗嘴里全是血，一种不祥的预感顿时涌上心头，心想是不是这狗由于饥饿兽性发作把孩子给吃了。于是她急忙赶到床边，孩子不在，只看到一堆血迹。

女人在愤怒之下，拿起棍子便将这条狗活活打死了。谁知就在这时候，孩子哭着从床底下爬了出来，女人这才知道自己错怪了狗，四下查看，发现不远处躺着一条狼，已被咬死了。

原来在女人外出的时候，狼溜了进来想吃孩子，狗勇敢地冲上去与狼搏斗，最终保住了孩子的生命，把狼咬死，自己负伤。女人知道真相后，嚎啕大哭，悔恨不已，可是一切已经无法换回。

为什么会发生这样的悲剧？那是因为女人被强烈的愤怒冲昏了头脑，失去了理智，以至忽视了最基本的判断。其实这也是人的通病。根据心理学家的测算，人在愤怒的时候，智商是最低的。在愤怒的关头，人们会作出非常愚蠢的决定而自以为是，也会作出非常危险的举动而自以为大义凛然。这个时候所作的决定，90％以上都是极端的错误。

所以孟子说："骤然临之而不惊，无故加之而不怒，此之谓大丈夫。"其实，学会有效控制愤怒不仅是一种很高的人生修养，而且是人在社会上生存、发展所必不可少的能力。

做人做事都要有理智的头脑，自己在气头上的时候不要轻易下决定，因为那个时候你所做的决定可能是有失偏颇的。一旦下了决定，即使将来你再后悔机会也回不来，不如吸取教训，把悔恨感转换成探索的动力，转换成敏锐的洞察力，这样你才有可能在下一次机会到来的时候迅速地抓住它。

很多有智慧、有成就的人都曾反复告诫人们：千万别被愤怒左右。康德说："动气，是拿别人的错误惩罚自己。"毕达哥拉斯则说："愤怒以愚蠢开始，以后悔告终。"

8.不拿别人的错误惩罚自己

动气是拿别人的过错惩罚自己，因此千万不要去动气、动怒，要心平气和地面对一切。

其实，做到不动气并不难。心理医学研究表明，一个人心情舒畅，精神愉快，中枢神经系统处于最佳功能状态，那么这个人的内脏及内分泌活动在中枢神经系统调节下处于平衡状态，使得整个机体协调、充满活力，身体自然也很健康。

那么，如何才能做到不动气呢？

保持冷静的思考和稳定的情绪，遇事冷静，客观地作出分析和判断。想想这事确实值得你动气吗？认真地在心里问问自己在下星期、明年或一百年后，现在让你感到动气的事还很重要吗？这可以帮助你检视、决定动气是否最适当。

对自己要有自知之明，遇事要量力而行、适可而止，不要好胜逞能而去做力不从心的事。

学会糊涂，睁一眼闭一眼。只要不是原则性问题，看到的当没看到，听到的当没听到。要忍，忍一时风平浪静，退一步海阔天空。做事清楚难，糊涂更难。

发怒之前，要让自己在心里数数。首先由1数到10，再慢慢增加。当你数到100，你就知道已学会控制自己的反应——你将能控制愤怒。如你觉得有人令你动气，或以他们的愤怒控制你，那就说："等一下！"这么做会给你时间想想正发生什么事。谨记，你有权利要求更多时间考虑问题。

树立气大伤身的健康认识。在你要动气的时候，不妨想想动气会给我们的身体都带来哪些害处。久而久之，你就会控制住自己的脾气，不再动气了。

潇洒生活，胸襟宽阔，乐观豁达。日常生活中，要力争做到小事不计较，大事想得开，既然动气也没用，还不如就把不愉快当作生活中的小片段或者小插曲，就让它一笑而过吧！

要多方面培养自己的兴趣与爱好，如书法、绘画、集邮、养花、下棋、听音乐、跳舞、打太极拳等，从事这些活动可以修身养性，陶冶情操，提升涵养。

保持和睦的家庭生活和友好的人际关系，这样在遇到问题时可以得到各方面的支持。

如果我们还是不能消除心中的愤怒，那么就让我们在心里牢记这首《不动气歌》吧！

　　　　不动气歌

人生就像一场戏，相扶到老不容易；
因为有缘才相聚，是否更该去珍惜；
为了小事发脾气，回头想想又何必；
别人动气我不气，气出病来无人替；
我若气死谁如意，况且伤神又费力；
邻居亲朋不要比，儿孙琐事由他去；
吃苦享乐在一起，神仙羡慕好伴侣。

练习心平静：9招全面遏制愤怒

当你动怒动气时，以下的几招可以帮助你有效地制止怒气。

第1招：关注愤怒。

学会区分短期的愤怒和长期的怨恨。找个笔记本记下你在不同情境下对不同人的愤怒程度，并分清自己的愤怒共有多少种类。这会帮助你决定在什么时候、什么情况下表达愤怒，表达什么样的愤怒，如何表达愤怒。

第2招：认清你想通过愤怒来达到什么目的。

不要被愤怒蒙住了眼睛，看看愤怒背后的欲望是什么。如果你希望和别人交朋友，而他（她）让你失望，你就扇人家耳光的话，那么你就永远失去了和他（她）亲近的机会。

相反，你可以说出你真正的感觉："我很重视我们的友谊，但有些事情威胁到了我们的友谊，这让我很失望。让我们谈谈，一起来解决这个矛盾怎么样？"

第3招：将愤怒暂时搁置。

比如，愤怒的时候从1数到10。愤怒的当时写一封信，可以是写给你发火的对象也可以是写给报刊、杂志或领导。

这封信写得越详细越好，把这封信放一天再读一遍，再考虑是否真的值得发火。

愤怒时先别去想这件事，过一段时间再想，替这些情绪找到出口。体育锻炼是一种很好的释放方式：慢跑、打球、在没人的地方大喊大叫等都可以。

第4招：意念控制。

在发火时，心中念念有词：别动气，别跟他一般见识，有什么天大的事要发这么大的火呢？会收到一定的效果。

第5招：对事不对人。

说"这件事情真的让我很动气"是针对事件，说"你这混蛋，怎么做出这种事情"就是针对人了。

第6招：找出获得爱和快乐的方法。

你的愤怒有些是来自于你的基本需要和欲望不能满足，你感到深深地受伤或无助，你想要生活中有更多的快乐和关爱。愤怒并不排除爱、感激等积极情感。你可以深爱某人，为他（她）感到怒不可遏，但仍然继续爱着他（她）。

实际上，愤怒的产生往往是由于爱得太深，我们常说："爱之深，责之切。"在上述情况下，你需要找出获得爱和快乐的方法，愤怒才会消失。发泄愤怒只会让你更受伤。

第7招：冷静分析，避免矛盾扩大。

如果你成了别人愤怒的目标和牺牲品，那么要问问自己："我一定要接受这个人给我安排的位置吗？我一定要为这种事感到受伤吗？"其他人和你一样也会去寻找替罪羊。你可以去做志愿者，但不要做"志愿羊"。

即便别人选择了你，你也可以避开。但不要上钩，不要去打和你没关系、你也赢不到什么的战斗。

第8招：真诚、负责地表达你的愤怒，不要用暴力的方式。

暴力只会带来更多的愤怒、伤害和复仇，无论是口头的还是躯体的攻击都不会熄灭怒火。

告诉别人是什么让你感到愤怒或受到伤害，告诉他们你真正希望他们做的是什么。以不攻击的方式将不满表达出来，与其说"你错了，你简直是离谱"，不如说"我觉得受伤，你的所作所为没有考虑到我的需要"。

第9招：对自己的愤怒负责。

不要给愤怒寻找假、大、空的理由，你需要的是解决问题的方法，而不是空洞的胜利。

第五章

提升自控力，做心平气和的自己

　　一个不会动气的人是庸人，一个只会动气的人是蠢人，一个能够控制自己情绪、做到少动气的人是聪明人。聪明人的聪明之处，是善于运用理智，将情绪引入正确的表现轨道，使自己按理智的原则控制情绪，用理智驾驭情感。

　　我们都生活在复杂的社会中，我们的情绪，就如同变化的气候，有的时候很难估量和掌握。暴怒之下的举动，往往不理智。"控制你的情绪，不然它就控制你"，从现在开始，做自己情绪的主人吧！

1.情绪可以成就你，也可以毁灭你

　　面对各种诱惑、困境、烦恼的时候，要想把握自己，不动怒不动气，就必须控制自己的思想，必须对思想中产生的各种情绪保持警觉性，并且视其对心态的影响是好是坏而接受或拒绝。乐观会增强你的信心和弹性，而仇恨会使你失去宽容和正义感。如果无法控制自己的情绪，将会因为不时的情绪冲动而受害。

　　情绪是人对事物的一种最浅、最直观、最不用脑筋的情感反应。它往往只从维护情感主体的自尊和利益出发，不对事物做复杂、深远和智谋的考虑，这样的结果常使自己处在很不利的位置上或为他人所利用。本来，情感离智谋就已距离很远了，情绪更是情感的最表面部分，最浮躁部分，以情绪做事，焉有理智的？不理智，能够胜算吗？能占别人的便宜吗？看来是不可能的。

　　但是我们在工作、生活、待人接物中，却常常依从情绪的摆布，头脑一发热（情绪上来了），什么蠢事都愿意做，什么蠢事都做得出来。比如，因一句无甚利害的谈话，我们便可能与人打斗，甚至拼命（诗人莱蒙托夫、诗人普希金与人决斗死亡，便是此类情绪所为）；又如，因别人给我们的一点假仁假义而心肠顿软，大犯根本性的错误（西楚霸王项羽在鸿门宴上耳软、心软，以至放走死敌刘邦，最终痛失天下，便是这种妇人心肠的情绪所为）；还可以举出很多因情绪的浮躁、简单、不理智等而犯的过错，大则失国失天下，小则误人误己误事。事后冷静下来，自己也会感到其实可以不必那样。这都是因为情绪的躁动和亢奋蒙蔽了人的心智所为。

　　这些情绪实际上就是个人心态的反映，而这种心态有时将你作为完全掌控的对象。要想把握自己，你必须控制你的思想，你必须对思想中产生的各种情绪保持着警觉性，并且视其对心态的影响是好是坏而接受或拒绝。乐观会增强你的信心和弹性，而仇恨会使你失去宽容和正义感。如果你无法控制自己情绪，你的一生将会因为不时的情绪冲动而受害。

　　三国时，诸葛亮和司马懿祁山交战，诸葛亮千里劳师欲速战决雌雄。司马懿他以逸待劳，坚壁不出，欲空耗诸葛亮士气，然后伺机求胜。诸葛亮面对司马懿的闭门不战，无计可施，最后想出一招，送一套女装给司马懿，羞辱他如果不战小女子是也。古人很以男人自尊，尤其是军旅之中。如果在常人，定会接受不了此种羞辱。司马懿另当别论，他落落大方地接受了女儿装，情绪并无受到任何影响，而且心态甚好，坚壁不出。连老谋深算的诸葛亮也对他几乎无计可施了。

　　这就是战胜自己情绪的例子。生活中，更多的人是成为情绪俘虏的。诸葛亮七擒七纵孟获之战中，孟获便是一个深为情绪役使的人，他之不能胜于诸葛亮，非命也，实人力和心智不及也。诸葛亮大军压境，孟获弹丸之王，不思智谋应对，反以帝王自居，小视外敌，结果一战即败，完全不是其对手。孟获一战既败，应该坐下慎思，再出敌招，可他却自认一时晦气，再战必胜。再战，当然又是一败涂地。如此几番，把个孟获气得浑身颤栗。又一次对阵，只见诸葛亮远远地坐着，摇着羽毛扇，身边并无军士战将，只有些文臣谋士之类。孟获不及深想便纵马飞身上前，欲直取诸葛亮首级。可想，诸葛亮已将孟获气成什么样子了，也可想孟获已被一己情绪折腾成什么样子了。结果，诸葛亮的首级并非轻易可取，身前有个陷马坑，孟获眼看将及诸葛亮时，却连人带马坠入陷阱之中，又被诸葛亮生擒。孟获败给诸葛亮，除去其他各种原因，生性爽直、失去理智也是一个重要的因素。

　　因情绪误人误事的事例不胜枚举。一般心性敏感的人、头脑简单的人、年轻的人，易受情绪支配，头脑容易发热。问一问你自己，你爱头脑发热吗？你爱情绪冲动吗？检查一下你自己曾经因此做过哪些错事、犯傻的事，以警示自己的未来。

　　情绪成就一切。如果你正在努力控制情绪的话，可准备一张图表，写下你每天体验并且控制情绪的次数，这种方法可使你了解情绪发作的频繁性和它的力量。一旦你发现刺激情绪的因素时，便可采取行动除掉这些因素，或把它们找出来充分利用。

2.情商到了，气就消了

情商（EQ），就是情绪商数，情绪智力，情绪智能，情绪智慧，是一个人感受理解、控制、运用表达自己以及他人情绪的一种情感能力。也就是我们经常说的理智、明智、理性、明理，主要是指的你的信心、恒心、毅力、忍耐、直觉、抗挫力、合作精神等一系列与人素质有关的反映程度。主要是心理素质。

1995年，美国哈佛大学教授丹尼尔·戈尔曼出版了一本书，叫作《情绪智商》。该书系统而全面地将情绪智商方面的内容介绍给了大众，一时风靡全球。与此同时，"情商"（EQ）这一概念也在世界范围内迅速蔓延，广受关注。在这本书中，戈尔曼教授提到了一些情绪方面的问题：例如人们普遍感到孤单、忧郁、任性、焦虑、冲动，等等——这引起了大众的强烈共鸣。那么，究竟是什么原因导致了这种生活状态呢？人们虽然找到了诸多原因，但最根本的，还是情商。

情商的高低对一个人的身心发展有着重大影响。对其能否取得成功同样有着不可估量的作用，有时其作用甚至要超过智力水平。尤其是身处当今飞速发展社会的人们，快节奏的生活，高频率的工作负荷，越来越激烈的竞争，再加上纷繁复杂的人际关系甚至天灾人祸，人们的心理压力普遍很大。在这种情况之下，只有高智商的应付显然力不从心，如果不能及时地管理好自己的情绪，调整好与他人和社会的关系，最终败在自己手里的人绝不在少数。

情绪决定了人的心理状态。良好的状态才有良好的欲望，才能将一个人内在的其他能力发挥到极致，其中当然也包括智力。

戈尔曼教授花费多年，对全球500家企业、政府机构和非营利性组织进行了研究分析，除了发现成功者往往具备应当具备的工作能力以外，杰出的成就和卓著的表现与情绪智能往往有着不可分离的密切关系。而企业的优秀领导人在一系列的情绪智能，如影响力、团队领导、自信和成功动机等方面，都有非常优秀的表现。

情商影响着人的一生。它在一个人的命运中具有决定性的作用，在人生各个领域中也就更占据着重要的地位。一位成功者可能不是聪明绝顶的天才，却必定是能调动自己情绪的高情商者。

情商对人们的幸福感和满足感有极大的影响。不能熟练使用情商技巧的人缺乏有效管理情感的方法，任由情感驱动自己的行为，结果造成恶性循环，会双倍地体验焦急、抑郁，甚至产生自杀的想法。而那些能熟练实践情商技巧的人们在他们所处的环境中将感到更加自在、更加舒服。

情商技巧加强了你的大脑应付情绪低迷压力的能力，使你保持免疫系统的强壮从而帮助你防止生病。情商技巧是工作场所中一个最主要的业绩预报器，是成就领导力和个人优秀的最强有力的驱动力量。

控制怒火、掌控情绪最根本的办法是提高自己的情商。

3.揭开情绪背后的动气真相

当我们情绪不好时，不要只简单地说一句"我情绪不好"，而要认清我们情绪产生的原因：具体事实和思想观念。

例如：有个女孩总说"一见男朋友，我就特动气"。经过和她交流，才发现她的表述之后的确切含义是："我太动气了，我的男朋友总是当着我的面和其他女生说说笑笑。我为什么会动气呢……我的前任男友就是因为太开朗了，才使得'第三者'把他撬走了。因此，我一看到现在的男友和女生说说笑笑就感到不安全……"

进而发现，她动气的源头与自己曾经被抛弃的经历有关。只有帮她认识到产生情绪的真正源头后，才可进一步解决问题，化解不良情绪。

其实，每一种情绪都是一种信号，提示着你与现实与他人的关系。就算是坏情绪，也是深具正面价值的。比如，一个朋友突然冷落了你，你感到很悲伤，说明这个人对你很重要，也许你平时忽略了他，悲伤提醒你以后应更加珍惜你和朋友的关系。

一个人所以会沉陷在他觉得不愉快的情绪里难以自拔，往往是他不能清晰地洞察问题，因而去追寻一些错误问题的答案造成的后果，你问自己"我怎么样才能不动气？"这样的问题根本不完整。因为这样不能显示问题的实质所在，也根本无法提示你必须采取什么行动。

比如你要参加一项商业推介会议，把你公司研究的业务介绍给客户。你很紧张，不知自己该怎么样才会不紧张　解决办法当然可以学一些解除紧张的技巧，但这不是问题的实质。紧张的原因很可能是你准备不足，缺乏自信，所以相关的问题应该是："我怎么样才能说服他们？我要使用什么策略才能使我的说明清楚明白？"

如果你能想到这些问题，你就可以不必产生怎么减轻紧张的苦恼。你可以直接解决真正的问题。你把精力放在解决工作上的问题，结果也就克服了你的紧张。

4.观察你的"情绪晴雨表"

对于情绪，我们应该采取什么样的态度呢？

最基本的态度首先是：承认和接受它。因为对任何问题，如果你不面对它、不肯承认它，你就只能被动地受它影响，从而无法很好地处理它。

很多人在情绪发生变化的时候，并没有意识到。比如很多人表现出动气的态势，却没有觉察到。还有的人一大早从睡梦中醒来，或许由于残留在潜意识中的噩梦，或许因为一个想不起来具体情景的尴尬经历而感觉不快，一整天在工作中都是闷闷不乐，对同事们看到自己阴沉面容时所显露的表情感到莫名其妙，对自己在这一整天遇到的种种不顺觉得无法理解。

一个人在情绪起了变化的时候，注意力会放在引起情绪反应的事情上，也就是陷入情绪当中，无法"跳出来"看到当下的情绪。经常在事后才察觉到：我这是怎么了？

是否能控制、纾解和调理自己的情绪，关键在于自我觉察。只有觉察到自己情绪的变化，才能更清楚地认识自己的情绪源头，从而控制消极情绪，培养健康的情绪习惯。如果一个人对自己处于某种境遇时的坏情绪一无所知，或者在潜意识中没有一种乐观倾向，那么他就无法有效控制自己糟糕的心情，也就不可避免地会遇上各种各样的麻烦。如果任凭某种恶劣情绪无限发展、变本加厉，最终会导致身心失衡遇到情绪变化。一个人应该首先问自己以下几个问题：

我面临什么问题？它的真实状况是什么？有那么糟吗？

我在做什么？这样做有益吗？我闹情绪赌气，沮丧或者怀恨在心，能解决问题吗？

我该做什么才对？想出积极的做法，然后去行动。

在有情绪反应时，首先要注意到引起情绪反应的事件或环境，同时分些注意力去体察自己"内心的情绪状态"。

我们可以采取"情绪反刍"的方法来认识自己的情绪。就是以联想为纽带，沿着自己心灵发展轨迹反向信步溯流而上，用一种情绪去联想更多的情绪状态，慢慢体味、细细咀嚼自己过去所曾经体验到的各种情绪。这样做可以使一个人变得心平气和、性情陶然。

还有一种方法是"寻根溯源"。当你能够立刻察觉自己的情绪，比如说动气，那么就问问自己为什么动气？为什么难过？如果是你的想法引起不快，再问问自己，有没有其他替代想法？

要养成觉察情绪的习惯。假如你被激怒了，感到心中蓄满着排山倒海的怒气，肌肉紧绷，表情紧张，并怀着敌意的冲动时，你要觉察到它的存在，知道它随时要产生失控的行为——可能说错话，做错事，做不正确的判断和回应。只有觉察到它的存在，保持警觉，理性才可出来排解困难，助你渡过难关。

5.做心智成熟的自己

淡定是成熟者应有的特质。淡定不只在于能够控制自己的情绪，它更在于一个人如何给自己准确定位，如何面对各种复杂的局势，如何处理生活中、事业上突如其来的变化。

这是一个真实的故事：在临近高考还有23天的那天早上，他在彷徨中收拾好书包离开了教室。从那以后同学们再也没有见过他……太不理智、太不成熟啊！很多人如是慨叹。

什么是成熟？成熟意味着由复杂走向简单。

成熟意味着一种从容。

成熟者有许多不同于常人的心理特征，如能主动、直接地参与自己并非感兴趣的活动中；具有对别人表示同情、亲切或爱的能力；能够接纳自己的一切，好坏优劣都如此；能够准确、客观地知觉现实和接受现实；知道自己的现状和特点；能着眼未来，行为的动力来自长期的目标和计划。然而，有一点我们绝对不可以忘记——那就是冷静。

是的，冷静是成熟者应有的特质。冷静不只在于能够控制自己的情绪，它更在于一个人如何给自己准确定位，如何面对各种复杂的局势，如何处理生活中、事业上突如其来的变化。

每个人都渴望走向成熟，那么，让我们先保持冷静。

人的情绪是人对现实生活的一种特殊的反应，生活中的事是否符合自己的需要，就会相应地产生种种心理体验。良好的情绪能够成为事业、学习和生活的内驱力，而不良、消极的情绪则会对身心健康、人际交往等产生破坏作用。

　　人的情绪是能够主动调控的，你可以试着用理智来驾驭情绪，使自己的情绪逐渐成熟起来。当你有足够的理智时，会及时意识到自己情绪的变化，怒起心头时能马上意识到不对，能迅速冷静下来，主动控制自己的情绪，用理智减轻自己的怒气，使情绪保持稳定。

　　理性是知识、智慧的独到涵养，更是理智、大度的深刻感悟。我们面对着一个高速发展的物质世界，我们必须具有人性的成熟美。否则，就是成功送到面前，我们还是难免在毛躁中去与失败相遇。

6.再窝火也别乱撒气

有些人自己不顺心，却把气撒到了无辜人的身上，这就是迁怒。

当一个人心情不佳时，通常情况下会影响到他对待外界的态度，比如恐惧、暴躁、动怒、怀疑、冷漠，这些情绪都可能伤害到周围的人。

张女士的老板因工作上的事心情不好，刚好张女士走进老板办公室递交文件，老板正在火头上，三下两下地看了资料之后就对张女士发了一通火，说她根本就没有用心搜集资料。

张女士就觉得委屈了，这些文件可是她昨天通宵赶出来的啊，老板不认真看也就算了，还莫名其妙地对她发火。刚好，张女士的手机响了，原来是她男朋友打电话过来，心情不好的她拿起电话就开骂："你是不是没事干啊，不知道我在上班吗？难道要我养你一辈子啊？"

张女士的男朋友莫名其妙地被骂了一顿，他本来是一名业务人员，前两天出差时帮着抓小偷扭伤了脚，请假在家休息。早上女朋友出门的时候叫他买菜，说中午回家做饭吃，但是要买什么菜得先打电话跟她商量。于是，就有了刚刚那通电话。

张女士的男朋友很动气地走在大街上，他打算去餐厅好好地吃一顿，不管女朋友了。走着走着碰巧走到张女士单位的门口，看到路上有一只流浪狗，就狠狠地踢了它一脚。正在寻找食物的流浪狗被踢出了老远，痛得"嗷嗷"直叫。

　　这时张女士的老板正从公司里走出来，流浪狗突然跳起来，狠狠地咬了他一口……

　　这个故事说明了一个道理：迁怒的结果最终还是伤害了自己。老板迁怒张女士，张女士迁怒男友，男友迁怒流浪狗，流浪狗迁怒于毫不相干的路人，正巧那路人就是那可恨的老板。一环紧扣一环，就像绕圈跑，从起点又回到了起点。

　　人有时是无法不动气的，动气了能做到不迁怒于别人就很了不起了。被骂者一般都是不服气的，内心充满逆反。当这种逆反积聚到一定程度时，自然会寻求出口，于是就迁怒他人。有些事情，事后常常会觉得完全没有理由发火的。

　　无论一个社会多么公平，个体之间总有尊卑、智愚、贫富、强弱等诸多差别，而且几乎没有一个幸运儿会在所有的方面都比他人优越。由于普遍的社会矛盾和人性的弱点，每个人都会受到他人有意无意的愚弄、非礼、侮辱甚至强暴。冒犯者又往往比被冒犯者强大，因此被冒犯者出于自我保护的现实不得不把怨愤之气暂时隐忍下来，转而把本该还施其人的怒气发泄到比自己更弱小的个体身上。但更弱小的个体同样会把怒气转嫁他人，最后的受害者常常是最弱小者自己的妻子或儿女，他们会无缘无故地遭到丈夫或父亲的打骂。

　　但整个"迁怒之链"并未至此终止。在孩子的世界里，迁怒也遵循与成人相似的轨迹在蔓延和传递，进而当这些孩子长大之后，又会把其他老人甚至父母当作迁怒的目标。于是这股迁怒之气进入了恶性循环。迁怒加剧了人的不幸，迁怒使人间失去了很多欢乐，使很多家庭失去了原本的温馨，几乎所有的烦恼和不幸都由迁怒而起，或由迁怒加剧以致不堪收拾。

　　对于我们来说，已经受了委屈或者情况已经很糟糕了，最好的办法是去化解自己内心的不平衡。别把坏情绪传染给别人，否则只会造成更坏的结果。总之，我们做人做事，要尽量注意不迁怒。

　　一个人在多大程度上能做到恩怨分明、保持尊严、维护人格，他就可能在多大程度上跳出"迁怒之链"，这样就有效地增进了人间的祥和，家庭的温馨，也利于加强自身的道德修养，使自己拥有一颗平和的心。

7.找出自己的"情绪温度计"

你常动气吗？如果动气是你的常客，建议你找出自己的"情绪温度计"，与怒气对话，彻底赶走怒气。经常动气就像不断的小感冒，严重影响工作表现。

一位各方面条件都不错的女人，自从结婚后对"外遇"特别敏感，尤其容颜随年龄渐长而渐失，内心开始不安，对丈夫的限制一天比一天多。

在职场里，她特别看不惯眉来眼去的女生，觉得她们有勾搭男士的嫌疑，令人反感。她还经常生闷气，明明人家没惹她，她就是看人家不顺眼，动不动就动气，也不知道为什么。

经过思索，她找出了自己最深处的担忧及害怕的根源之后，终于消了怒气。

3年前，性情温和的董芳竟然在公开场合痛骂一位同事，只因为看不惯他凡事居功，自以为是。

事后，她决定找出这件事对自己的意义，为什么会一反常态，在公开场合动怒。她自问自答："他的行为根本与自己没关系啊，为什么生那么大的气？"再问自己，"不合理的事很多，为什么唯独对这件事这么动气？"

"这位同事其实很勤快、不偷懒啊，他不过是爱表现而已。究竟这件事对你的意义是什么？"

从自问自答中，她诚恳分析，原来，过去的成长环境与学科训练，教她要谦虚，压抑了想表现自己、赢得赞赏的本性。那些像孔雀般的炫耀居功者，刺激她眼红、愤怒，深觉不公平。每生一次气，她就更加了解自己。经由自我对话，从过去找到引爆动气的关键经验。3年来，她已经不再发生这种具有毁灭性的怒气。

进行自我对话时要对自己够诚实和勇敢，这是了解怒气由来的关键。知道怒气背后的真相，才不会落入"讲道理"的漩涡。

不过，如果怒气冲上头时一时难以压抑，该怎么办？许多专家建议从生理角度来改变动气状态：

（1）闭上嘴，因为盛怒时的舌头像把利剑，容易刺伤人。

（2）接着，深呼吸，强迫心跳、血压回复正常状态。

（3）离开令你压抑的现场，找个安全的环境，动动身体、打球或做体操。

（4）盛怒时，跑去照镜子，看见自己怒气中的样子觉得很滑稽，忍不住"噗哧"笑出声来。

平时你可以养成记录情绪的习惯，每天分几个时段记录，并写下动怒的原因，这种训练有助于自我察觉、检测怒气。

将情绪温度刻度设定在0～10分，将一天分为7段落，例如一早抢停车位失败，还没进办公室就在电梯前和部门经理吵架，决定只给自己2分。

了解自己一天情绪的起伏变化后，接着去问原因，并给自己一段话。为什么给8分，喔，原来在下午3点，听到窗外小鸟吱喳叫，感觉很愉悦。记录久了，自然培养出很细微的察觉能力，"即使生活中很细微的情绪飘过，也不放过"。

这样的方法，更能掌握常动气的时段和原因。一旦接近情绪高温期，可以赶紧做准备，警告同事闪远点，免得被无名火烫伤。

找出自己的情绪温度计之外，还要学习自我对话，找出问题的关键，从高处看人生的挫折，才能真正做到不动怒。

8.操纵好情绪的转换器

天有不测风云，人有旦夕祸福。日常生活中我们难免会遇到一些挫折、困苦等不愉快的事，而一味地动气、焦虑、怨恨，不但不会使事情好转，反而严重地伤害我们的身心健康。

人不会永远都有好情绪，任何人遇到灾难，情绪都会受到一定影响。这时，你一定要操纵好情绪的转换器。面对无法改变的不幸或无能为力的事，就抬起头来，对天大喊："这没有什么了不起，它不可能打败我。"或者耸耸肩，默默地告诉自己："忘掉它吧，这一切都会过去！"

被称为世界剧坛女王的拉莎·贝纳尔，突遇风暴，不幸在甲板上滚落，足部受了重伤。当她被推进手术室，面临锯腿的厄运时，突然念起自己所演过的一段台词。记者们以为她是为了缓和一下自己的紧张情绪，可她说："不是的，是为了给医生和护士们打气。你瞧，他们不是太正儿八经了吗？"

拉莎·贝纳尔在面对无法抗拒的灾难时没有恨天怨地，没有抱怨命运不公，相反，她勇敢地跳出悲伤、焦虑的情绪，重新燃起生活的激情。一句"他们不是太正儿八经了吗？"说明她心中的情绪转换器一定调整到了最佳状态！后来，拉莎手术圆满成功后，她虽然不能再演戏了，但她还能讲演，她的充满生命热情的讲演，使她的戏迷再次为她鼓掌。情绪是可以调适的，只要你操纵好情绪的转换器，随时提醒自己，鼓励自己，你就能让自己常常有好情绪。那么，当坏情绪突然来临时，如何调适，操纵好情绪的转换器呢？

下面的方法可能供你参考：

散散步，把不满的情绪发泄在散步上，尽量使心境平和，在平和的心境下，情绪就会慢慢缓和、放松。

最好的办法是用繁忙的工作去补充、去转换，也可以通过参加有兴趣的活动去补充、去转换。如果这时有新的思想、新的意识突发出来，那些就是最佳的补充和最佳的转换。

坏情绪会来，也会去。没什么了不得，没什么好恐慌。轻松地面对它，接纳它。它会感谢你的盛情，不再打扰你。

9.我的情绪我做主

我们可能曾经有过这样的经历：考试前焦虑不安、坐卧不宁；受到老师、父母批评后眼前一片空白，不愿上学；和同学朋友争吵后，气得上街乱逛，买一堆不合时宜的东西泄愤。

像这类"犯规"的举止，偶尔一次还不要紧，如果经常这样，可就要小心了！因为不知不觉中你已经成了"感觉"的奴隶，陷于情绪的泥淖而无法自拔。所以一旦心情不好，就"不得不"坐立不安，"不得不"旷工、"不得不"乱花钱、"不得不"酗酒滋事。这样做不仅扰乱了自己的生活秩序，也干扰了别人的工作、生活，丧失了别人对你的信任。

对有些人而言，情绪这个字眼不啻于洪水猛兽，唯恐避之不及！领导常常对员工说："上班时间不要带着情绪。"妻子常常对丈夫说："不要把情绪带回家。"……这无形中表达出我们对情绪的恐惧及无奈。也因此，很多人在坏情绪来临时莽莽撞撞，如果处理不当，轻者影响日常工作的发挥，重者使人际关系受损，更甚者导致身心疾病的侵袭。

美国著名心理学家丹尼尔认为，一个人的成功只有20%是靠IQ(智商)，80%是凭借EQ(情商)而获得。而EQ管理的理念即是用科学的、人性的态度和技巧来管理人们的情绪，善用情绪带来的正面价值与意义帮助人们成功。

真正健康、有活力的人，是和自己情绪感觉充分在一起的人，是不会担心自己一旦情绪失控会影响到生活的。因为他们懂得驾驭、协调和管理自己的情绪，让情绪为自己服务。

当你明白自己的情绪不对劲后，你要去认识，有哪些责任是自己应该负责却没有做好的，又有哪些责任是外在的原因造成的。比如，你因迟到遭到上司的罚款处罚，心情很沮丧。那你就要追问自己：此事是自己的原因还是外部的原因？如果是属于堵车之类的外部原因，那么不必太在意。如果是自己动作慢，常起晚的原因，那就改变习惯而不是谴责自己。如果因此养成了良好的习惯，那领导的处罚也是值得的。

当人面对自己不利的事情时会产生恐惧、担忧、焦虑，而一旦找到了解决问题的方法，正好帮助自己增强对事情的"控制力"，你的坏情绪也就会得到缓解。

练习心平静：做自己的情绪调节师

当你因情绪不佳而动气、烦恼时，不妨采用以下的方法来调适不良情绪，赢回内心的平和。

1.宣泄法

情绪的宣泄是平衡心理、保持和增进心理健康的重要方法。不良情绪来临时，我们不应一味地控制与压抑，还要懂得适当的宣泄。当动气和愤怒时，可以到空旷的地方去大喊几声，或者像屠格涅夫一样"在开口前把舌头在嘴里转上十圈，怒气也就减了一半"，或者进行比较剧烈的体育活动，如跑两圈、扔铅球，等等。当过度痛苦和悲伤时，放声痛哭比强忍眼泪要好。研究证明，情绪性的眼泪和别的眼泪不同，它含有一种有毒生物化学物质，会引起血压升高、心跳加快和消化不良等不良症状。

通过流泪把这些物质排出体外，对身体有利。尤其是在亲人和挚友面前痛哭流涕，是一种真实感情的宣泄，哭过之后痛苦和悲伤就会减轻许多。

一位百岁老人的经验不妨借鉴一下。产生不良情绪时他有调节的妙招：①坚决不去想烦心事；②和童真的小孩们一块玩耍；③照镜子，看看自己动气的样子是不是很难看，然后努力拿出笑容，看看是不是很悦目。

2.语言暗示法

语言是人类独有的高级心理功能，是人们交流思想和彼此影响的工具。语言的暗示对人的心理乃至行为会产生奇妙的作用。在被不良情绪所压抑的时候，可以通过语言的暗示作用来调整和放松心理上的紧张状态，使不良情绪得以缓解。比如，在发怒的时候，就重述一下达尔文的名言："人要是发脾气就等于在人类进步的阶梯上倒退了一步。愤怒是以愚蠢开始，以后悔告终。"

或者用自编的语言暗示自己，如"不要发怒""别做蠢事，发怒是无能的表现""发怒会把事情办坏的""发怒既伤自己又伤别人，还于事无补"。还可以在家中或单位悬挂字幅暗示自己，例如禁烟英雄林则徐，为了控制自己的暴躁脾气，便在中堂挂了上书"制怒"的大字幅，随时提醒自己。在忧愁满腹时，则可以提醒自己"忧愁没有用，要面对现实，想出解决办法"，等等。在松弛平静、排除杂念、专心致志的情况下，进行这种自我暗示，往往对情绪的好转有明显的作用。

3.景色调节法

情绪不佳时，千万不要把自己关在屋子里生闷气，要到景色怡人的大自然中走一走，比如环境优美、空气宜人的花园、郊外，甚至是农村的田园小路，都能宽广胸怀、愉悦身心、陶冶情操，能有效调节人的心理状态。尤其是长期处于紧张工作状态的人，最好定期到大自然中去放松一下。

4.求助他人法

培根说过："如果把你的苦恼与朋友分担，你就剩下一半的苦恼了。"不良情绪仅靠自己调节是不够的，还需要他人的疏导。人的情绪受到压抑时，应把心中的苦恼倾诉出来，如果长时间地强行压抑不良情绪的外露，就会给人的身心健康带来伤害。

特别是性格内向的人，光靠自我控制、自我调节还远远不够，可以找一个亲人、好友或可以信赖的人倾诉自己的苦恼，求得别人的帮助和指点。在很多情况下，一个人对问题的认识往往是有限的，甚至是模糊的，旁人点拨几句，会使你茅塞顿开。这时人家即使不发表意见，仅是静静地听你说，也会使你得到很大的满足。别人的理解、关怀、同情和鼓励，更是心理上的极大安慰，尤其是遇到人生的不幸或严重的疾病，更需要别人的开导和安慰。将自己的忧愁和烦恼倾诉出来，不但会保持愉快的情绪，而且会增进人际交往，令你感觉到自己生活在爱的怀抱中。

第六章

会笑的人，一辈子都不会动气

　　笑一笑，气就消，微笑比动气更有力量。微笑能放松自己，微笑能让自己开心，微笑能化解人际中的尴尬，微笑能缓解工作中的紧张气氛，微笑能驱散怒火、淡化愁闷。既然笑声有这么多的好处，我们有什么理由不让生活充满笑声呢?

　　生活像面镜子，你对她微笑，她就对你微笑。如果你还在为某事烦恼不已、动气发怒，那么请把心事和烦恼放一放，笑一笑吧!

1.哈哈一笑，不再气恼

微笑是一种生活态度，更是我们可以奉为座右铭的处世法则。它可以让我们的气恼在不知不觉中消解。它可以消除敌手或同事天然或潜在的紧张对峙。它是一种令人会意的情感，它更是迎接新的挑战的最好的宣示。微笑在现实生活中就是一种万能剂。如果你碰到不顺心的事，如果你动气了，不妨开口一笑。微笑的好处实在是太多了。

1.自我心态调整

每天对自己一笑，就是自我调理情绪。给自己一份轻松，一份自信，让自己有一种良好的心态。

2.调节紧张气氛

这是一位老师的亲身体会："我是一名小学老师，每天都要面对着孩子们，我越来越觉得：一个可人的微笑，将会给孩子们带来无穷的乐趣。我还清楚地记得不久前发生的一件事。那天早晨，当我走进教室时，发现卫生还没有打扫好，学生们跑的跑，闹的闹，乱成了一锅粥。见此情形，我气不打一处来，对他们大发了一顿脾气。随后的讲课过程中，同学们沉默异常，从他们惊恐的眼神里我明白自己刚才犯了错误。于是我想到该活跃一下气氛，便微笑着问：'怎么了？你们还没有睡醒呀？'孩子们立刻笑了，几个胆大的笑答：'醒了！'我明显地感觉到他们松了一口气。在轻松、愉快的气氛中，我顺利地完成了后半堂课。"

3.传达对别人的信任

学会在陌生的环境里微笑，首先是一种心理的放松和坦然。放下戒备，我们的内心就不会再疲惫和紧张，心情也变得轻松而愉快，其次通过微笑传达着对别人的信任，自己也不再感到陌生、冰冷。

4.传达给别人"相信我"的信息

学会在陌生的环境里微笑，还是一种自尊、自爱、自信的表示。微笑来源于内心的善良、宽容和无私，表现的是一种坦荡和大度。

5.传达宽容和爱

微笑是一种非常富有感染力的表情，它证明你内心不带虚饰、是自然而然流露的情感，会给别人带来温暖，给他人留下一个良好的第一印象。

6.表达坚强的信念

微笑也是一剂强心剂。人们脸上的表情是内心世界情绪波动的晴雨表。可以想像，一个不善于微笑、整天肌肉紧张的人一定是生活在压力之下痛苦不堪的人。只有真正自信和开心的人才能有发自内心地微笑。一个人在接踵而至的不幸中仍能示人以如花般的微笑，更能让人深深感受到那种蕴含在微笑背后的、坚实的、无可比拟的力量——那是一种对生活巨大的热忱和信心，一种高格调的真诚与豁达，一种直面人生的成熟与智慧。这才是支撑起幸福的基石。只要具备了这种淡然如云微笑如花的人生态度，任何困境和不幸都能被锤炼成通向平安幸福的阶梯。

2.微笑是顺气解闷的养心丹

　　微笑是身心健康和家庭幸福的标志。笑是一种神奇的药方，笑声不仅可以解除忧愁，而且可以治疗各种病痛，并具有强身健体的医疗功能。微笑能加快肺部呼吸，增加肺活量，能促进血液循环，使血液获得更多的氧，从而更好地抵御各种病菌的入侵。医学家告诉我们，精神病患者很少笑，一个人有疾病或者有其他烦恼，那他也不会从心底发出笑声。

　　美国加利弗尼亚大学的诺曼·卡滋斯曾患胶原病，这是一种疑难杂症，康复的可能性仅为五百分之一，而他就成为这个"一"。后来，他把当时的情况写在了《五百分之一的奇迹》这本书里：

　　"如果，消极情绪引起肉体消极的化学反应的话，那么，可以推测，积极向上的情绪可以引起积极的化学反应。

　　"可以推测，爱、希望、信仰、笑、信赖、对生的渴望等，也具有医疗价值。"

　　卡滋斯认为，笑具有惊人的医疗效果："我的体会是，如果能够从心底层里发出笑声，并持续10分钟，会产生诸如镇痛剂一样的作用，至少可以解除疼痛2个小时，安安稳稳地睡觉。"

　　俄国生理学家巴甫洛夫说过："忧愁悲伤能损坏身体，从而为各种疾病打开方便之门，可是愉快能使你肉体上和精神上的每一现象敏感活跃，能使你的体质增强。药物中最好的就是愉快和欢笑。"

　　笑声还可以治疗心理疾病。印度有位医生在国内开设了多家"欢笑诊所"，专门用各种各样的笑："哈哈"开怀大笑、"咻咻"抿嘴偷笑、抱着胳膊会心地微笑等来治疗心情压抑等各种疾病。在美国的一些公园里都辟有欢笑乐园。每天有许多男女老少在那里站成一圈，一遍遍地哈哈大笑，进行"欢笑晨练"。

　　笑不仅具有医疗作用，而且生活中它还能产生让人们意想不到的用途。有个王子，一天吃饭时，喉咙里卡了一根鱼刺，医生们束手无策。这时一位农民走过来，一个劲儿地扮鬼脸，逗得王子止不住地笑，王子终于吐出了鱼刺。

3.微笑是化解人际间坚冰的阳光

微笑具有着神奇的魔力，能够化解人与人之间的坚冰。

无论你在什么地方，无论你在做什么，在人与人之间，简单的一个微笑是一种最为普及的语言，她能够消除人与人之间的隔阂。人与人之间的最短距离是一个可以分享的微笑，即使是你一个人微笑，也可以使你和自己的心灵进行交流和抚慰。

一旦你学会了阳光灿烂的微笑，你就会发现，你的生活从此就会变得更加轻松，而人们也喜欢享受你那阳光灿烂的微笑。

无论你现在从事什么工作，无论你在什么地方，也无论你目前遇到了多么糟糕的困境，甚至你的人生遭遇了前所未有的打击，用你的微笑去面对它们、面对一切，那么一切都会在你的微笑前低头。

那么，我们如何才能学会微笑，掌握这个化解人与人之间坚冰的微笑呢？

第一，你要相信自己的微笑是世界上最美丽的微笑。

第二，让那些能够给带来轻松愉快的事情围绕着你。

第三，在办公室里的显眼位置上摆放假日里令你难忘的照片，比如，你家里的小狗正儿八经地戴着一幅眼镜，装模作样地打量着镜头。这些照片，可以使你从日常紧张的工作中得到片刻的休息。

第四，尽量消除或减少一些负面消息对你的影响。了解世界上所发生的一些新闻是重要的，但不必要每天都是如此。

第五，每天，在你的周围，去努力寻找那些幽默和欢乐的事情。即使你遇到了交通堵塞，在你等待的这段时间里，你不妨想像自己正在出演一部电视剧，你是剧中的一个人物，遇到了这么件事。类似的练习可以使欢乐取代压力。

　　最后，也是最为重要的一点，要学会自己微笑。记住一点，微笑不是仅仅为了别人，更是为了自己。

4.微笑是点亮希望的火苗

有个可以快乐起来的方法，那就是改变我们思考的重心，试着去想美好的东西。不是抱怨你的薪水，而是感激你拥有一份工作；不是期望你能去夏威夷度假，而是想到你家附近亦有乐趣。

一个能够笑看输赢得失的人，他们深信自然和自己的潜能足以实现任何梦想，认为一个成功者周围就必须倒下千万个失败者是不成功的，真正有效的成功者只在自己的成功中追求卓越，而不把成功建立在别人的失败上。

如何培养富足之心，笑看输赢得失呢？

1.赞美孤独

富足之心是宁静的。个性并不害怕孤独，反而赞美它。孤独是个性最美好的一部分，原本就不存在能不能忍受的问题。

笑看输赢的人总是能够给自己留出时间，享受独处的欢乐，整理往事、展望前程，想像出类拔萃的美好生活。内心贫乏的人生性急躁，喜欢喧嚣和热闹，一刻也离不开从他人眼中找寻自己赖以生存的保障，独处将倍感寂寞，但自身环境却又窄得令人窒息。笑看输赢的人独自承受个性滋润、修身养性。他享受宁静和孤寂，在反省中看见自身的不足。他把自己准备得很充分，再投入步调紧凑的生活中去。

2.帮助他人而不求回报

笑看输赢的人愿意帮助他人，不求名、不求利、不求回报。他知道内心里献出东西，依旧会从内心里产生出来。他就像自己的一家能源工厂，生产力很高，永远能提供满足。

3.不自怨自艾

笑看输赢者对损失看得很淡。他相信相对于整体而言，损失的不过是小小的局部。他们不会不能释怀，不会老是对自己怨艾和指责，知道谁都有犯错的时候，他们勇于承认错误，并宽恕自己和他人，他只是采取行动来挽回损失。满心喜悦地做着自己能力范围内的事。

4.建立一种新的幸福思维

你可以建立一种新的欣赏你已享有的幸福的思维，以新的眼光看待你的生活，就像是第一次看到它。当你建起这一新的意识，你将会发现，当新的财产或成就进入你的生活，你的欣赏程度将被提高，而生活将会变得更加快乐。你可通过更着眼于现在，而不是太注重你想得到的东西来学会安享现有的一切。

5.微笑是驱散苦难的和风

　　生活中的种种困境和不幸对我们造成的挫败感是否像乌云挡住太阳一样遮住了视线，让我们看不到光明？人活在这个世界上会遇到各种各样的事情，或喜或忧，或成功或失败，我们无从选择。我们可以做的只有调整好自己的情绪。如果我们试着换个角度去看待这个世界，微笑着面对一切，就会惊奇地发现，世界一片光明，大自然充满了生机和活力，生活是多姿多彩的。

　　用微笑面对我们遇到的困境，用豁达的心态面对我们遭遇到的一切打击，那么，所有的困境和打击都会在我们的微笑面前低头。

　　有这样一个故事。百货店里有个穷苦的妇人，带着一个约4岁的男孩在转圈子。母子俩走到一架照相机旁，孩子拉着妈妈的手说："妈妈，让我照一张相吧。"妈妈弯下腰，把孩子额前的头发拢在一旁，很慈祥地说："不要照了，你的衣服太旧了。"孩子沉默了片刻，抬起头来说："可是，妈妈，我仍会面带微笑的。"

　　听完这个故事，我们已被那个小男孩简单的话感动得泪眼盈盈。试问一下，如果在生活中我们每个人都像那个小男孩一样贫穷、衣衫褴褛，甚至一无所有，我们会像他一样从容、坦然、开怀地微笑吗？我们相信，在这个世界上没有任何一样东西能比一个灿烂开怀的微笑更能打动人们的心。

　　无论我们身处何方，无论我们身兼何职，也无论我们此刻陷入了多么糟糕的困境或遭到了多么大的挫折和打击，我们都要用微笑去面对一切。那么，一切的不幸和困惑都会屈服在我们的微笑之下。微笑是人类最简单、最易懂的语言，它能消除人与人之间的隔阂，可以化解人与人之间的坚冰。我们的一个微笑也可以抚慰自己的心灵，让生活充满阳光雨露。

既然我们知道挫折、困境，甚至不幸的遭遇是人生道路上所不可避免的，那我们为什么不能坦然乐观地去面对这一切，让我们的灵魂始终微笑呢？微笑是我们生命中蕴含着的不可阻挡的力量。这种力量会使我们人生中所有的苦难如轻烟一般随风飘散，然后彻底地消失。

记住：尽量消除或减少一切的消极和悲观情绪。每天，都努力在你生活的周围去寻找让我们开心和快乐的事情。

只有在绝境中保持微笑、仍然抓住快乐的人，才能真正领悟到快乐的真谛。

6.心中有尊笑面佛

　　常在商店中见到一尊佛像，但这尊佛像与其他的佛像大异其趣。他光着大肚皮坐卧于地，咧嘴露牙地捧腹大笑，看起来特别具有亲和力及喜悦感。他便是"大肚能容，了却人间多少事；满腔欢喜，笑开天下古今愁"的弥勒佛。

　　弥勒佛之所以令人敬服，就在于他的"豁达大度"。一件事有许多角度，如有好的一面，亦有坏的一面；有乐观的一面，亦有悲观的一面。就好比一个碗缺了个角，乍看之下，好似不能再用；若肯转个角度来看，你将发现，那个碗的其他地方都是好的，还是可以用的。若凡事皆能往好的、乐观的方向看，必将希望无穷；反之，一味地往坏的、悲观的方向看，定觉兴致索然。

　　我们生活中所遇到的每个问题都会在某个时间，由某个人，用某种方法给予解答。

　　在这个科技不断发展、竞争白热化的时代，我们每个人随时都将面临被淘汰的结果。经济危机、就业危机使我们中的一部分人陷入了无限的焦虑，甚至是恐惧，这种情绪对我们心理施加了压力，进而导致了我们悲观绝望的心态。我们应当努力克服它，学会在黑暗中寻找光明。

　　生活中失败和挫折是难免的，问题的关键是当挫折和失败来临时，我们应该仔细地分析它，进而得到解决问题的方法。千万不要放大挫折，它未必是我们想像得那么糟，更不要把失败归结于命运，认为所有的挫折都是冥冥之中注定的。这样的话，在困难面前我们就会失去主动权而让自己变得被动。

凡事往好的方面想自然会心胸宽大，也较能容纳别人的意见。宽大的心胸不但可以使人由别的角度去看事情，更能使自己过着其乐自得的日子。

我们应该效法弥勒佛笑口常开的个性，并学习他用积极开朗的态度去解决一切问题。在这充满争斗的繁华世界之中不抱怨、不气恼，以最自然无争的态度，并处处流露服务他人的意念，才能散发人性至真、至善、至美的光明面。

"当你笑时，全世界都跟着你笑，当你哭泣时，只有你一人哭泣。"日谚有云："笑门福来。"如果你想要福气的话，在每天出门时就多练习笑容吧！

7.生活让我气恼，我还生活笑声

在现实生活中，困扰我们的烦恼在心中如一片阴沉沉的云，让人透不过气来。

有一个年青人从家里出门，在路上看到了一件有趣的事，正好经过一家寺院，便想考考老禅师。他说："什么是团团转？"

"皆因绳未断。"老禅师随口答道。

年青人听了大吃一惊。

老禅师问道："什么事让你这样惊讶？"

"不，老师父，我惊讶的是，你是怎么知道的呢？"年青人说，"我今天在来的路上，看到了一头牛被绳子穿了鼻子，拴在树上，这头牛想离开这棵树，到草场上去吃草，谁知它转来转去，就是脱不开身。我以为师父没看见，肯定答不出来，没想到你一下就说中了。"

老禅师微笑道："你问的是事，我答的是理；你问的是牛被绳缚而不得脱，我答的是心被俗务纠缠而不得解脱，一理通百事啊。"

法国作家拉伯雷说过这样的话："生活是一面镜子，你对它笑，它就对你笑，你对它哭，它就对你哭。"如果我们整日愁眉苦脸地生活，生活肯定愁眉不展；如果我们爽朗乐观地看生活，生活肯定阳光灿烂。朋友，既然现实无法改变，当我们面对困惑、无奈时，不妨给自己一个笑脸，一笑解千愁。

一对夫妻因为一点生活琐事吵了半天，最后丈夫低头喝闷酒，不再搭理妻子。吵过之后，妻子先想通了，想和丈夫和好，但又感到没有台阶可下，于是她便灵机一动，炒了一盘菜端给丈夫说："吃吧，吃饱了我们接着吵。"一句话把正在生闷气的丈夫给逗乐了，见丈夫真心地笑了，妻子自己也乐开了。就这样，一场矛盾在笑声中化解开来。

既然笑声有这么多的好处，我们有什么理由不让生活充满笑声呢？不妨给自己一个笑脸，让自己拥有一份坦然；还生活一片笑声，让自己勇敢地面对艰难，这是怎样的一种调解，怎样的一种豁达，怎样的一种鼓励啊！

赫尔岑有句名言说："不仅要学会在欢乐时微笑，也要学会在困难中微笑。"人生的道路上难免遇到这样那样的困难，时而让人举步维艰，时而让人悲观绝望；漫漫人生路有时让人看不到一点希望。这时，不妨给自己一个笑脸，让来自于心底的那份执着，鼓舞自己插上理想的翅膀，飞向最终的成功；让微笑激励自己产生前行的信心和动力，去战胜困难，闯过难关。

清新、健康的笑，犹如夏天的一阵大雨，荡涤了人们心灵上的污泥、灰尘及所有的污垢，显露出善良与光明。笑是生活的开心果，是无价之宝，但却不需花一分钱。所以，每个人都应学会笑对生活。

8.人生欢喜多少事，笑看天下几多愁

人人都想快乐，但对于有些人来说，要做到经常保持快乐并不是一件容易的事情，使人不快乐的原因常见的有以下几种：

1.忧虑

对未来的事坏的一面考虑得过多、过于复杂，并把这些想法看成是既成的事实，产生一个错误的信念。而一个错误的信念严重时会使人在一夜之间老上20岁，这样的事例在生活中时有发生。人之所以忧虑，并不是完全由于事件本身，而是由于他们对事件未来发展产生的**忧虑**。不切实际的想法会使人陷入难以解脱的困境，一个忧心忡忡的人当然不会快乐。

2.自认为被伤害了自尊心

日常生活中发生的一些小事，例如谈话被人任意打断，你的一个小小的要求被朋友拒绝等都看作是被损害了自尊心。对待这些事情一般人反应为愤怒或沮丧，也就是不高兴。殊不知，长期对别人或者对生活满怀怨意可能使人驼背，就像肩膀上负着重担一样。

3.自寻烦恼

在每个人潜意识中都埋藏着过去失败的记忆。如果不愉快的回忆不时涌上心头，甚至作为包袱，就会不断地折磨自己。

要知道，我们的错误、失败甚至是屈辱，都是学习和工作过程中必然要经历到的，失败只是过去，成功却在未来。

人生欢喜多少事，笑看天下几多愁。

看看下面童真无忌的画面，不知你想到了什么？

在一个春光明媚的日子，花红草绿的公园里，许多小孩正在快乐地游戏，其中一个小女孩不知绊到了什么东西，突然摔倒了，并开始哭泣。这时，旁边有一位小男孩立即跑过来，别人都以为这个小男孩会伸手把摔倒的小女孩拉起来或安慰鼓励她站起来。但出乎意料的是，这个小男孩竟在哭泣着的小女孩身边故意也摔了一跤，同时一边看着小女孩一边笑个不停。泪流满面的小女孩看到这个情景，也觉得十分可笑，于是破涕为笑，俩人滚在一起非常开心。

我们从小就在做游戏，游戏的本身就是在不断战胜挫折与失败中获取的一种刺激与欢乐，假如没有挫折与失败，再好的游戏也会索然无味。"那就是一场游戏一场梦"，人生如梦，就如一场游戏，但我们作为其中的玩家，真的能像在现实的游戏中吗？人们玩游戏时的心态是寻找娱乐，是带着挑战的心情去面对游戏中的困难与挫折的，你面对强大的对手不断地损伤受挫，但越是如此你越发兴头十足。试想，倘若人们在生活中也用这么一种积极向上的游戏心态，那么失败与挫折也就不会显得那般沉重和压抑。既然如此，我们为何不能将挫折变成一种游戏呢？这样便会让痛苦沮丧的心态超然快活起来。二者其实并无差别，只是人们在游戏中身心放松而在生活中过于紧张。于是，你可以体味游戏中面对和战胜挫折的欢乐。同样，只有你将生活中的挫折视为游戏，才会从中体味积极人生的快乐……

快乐的微笑是保持生命健康的唯一药石，它的价值是千百万，但不要花费一分钱。

9.笑面人生，如沐春风

　　清晨起床，揽镜自照，冲着镜子里的自己做个鬼脸，调皮地眨眨眼，或泛一丝惬意的微笑，顿感心情舒畅。一夜的休息，身心完全放松，一个微笑调动起了全天的情调。轻松的笑容，开始一天的生活，欢快的翅膀，如沐春风。

　　你有没有这样的经历？当你心事重重、心情沉郁，或满目忧伤的时候，一个陌生人尤其是异性，冲你一笑，哪怕是一个很清浅的微笑，你也会觉得心情骤然放松，迅速松弛，那紧张与压抑在减缓，在变淡，也许烟消云散。

　　我们经常用笑来调剂生活。弗洛依德认为，社会上的"清规戒律"太多，约束禁止人们去"胡说八道"，只好开个小调（即开玩笑，讲笑话，亦即诙谐）来缓解所造成的压抑。

　　生活中，我们时时接触各种幽默、笑话、各种悲喜故事片，每每欣赏完毕，我们会觉得恬淡、自然、愉悦、舒适，同时也会感到生活的滋味，我们可因其而笑得前仰后合，也可因其而手舞足蹈，只因为快乐。不论是相声大师绝伦的语言，舞台小丑的滑稽表演、艺术家的精美雕刻，还是电影或戏剧的悲喜结局。

　　人生是个大课堂，各种各样的知识摆在你面前，任你吸收任你挑选，在这座宝库里你可以取己所需；人生好似一张白纸，尚待描摩喷绘，你可以按自己的意愿走出一条成功的轨迹；人生又如一杯白开水，你既可细品其无然之味，亦可按己要求，或泡上毛尖龙井，或冲兑牛奶，或加入咖啡……

不论前路如何，我们都要笑面人生。

笑面人生，我们要乐观豁达。生活的压力常常让我们承受过多的重负；复杂多变的社会现状往往又给我们带来种种挫折和磨难。要想立足生存，要想长足发展，若无乐观，则极易消沉自己，磨蚀锐气，百无一用；若无豁达，则会自缚手脚，自我囚禁，难得片刻闲暇，为己所累。因而，积极向上、虚怀若谷实为生存上上之道。

笑面人生，要有快乐的心境。面对任何的困难和挫折付之一笑，工作的压力和学习的烦恼都会随心情舒畅而烟消云消。晨起跑跑步，打打拳，踢踢腿，时时邀约三五好友或互畅心曲，或下棋看戏，或游泳钓鱼，或登山涉水。放松心情，放飞心灵，学会调解，何忧之有？

笑面人生，要学会欣赏。王永彬《围炉夜话》云："观朱霞，悟其明丽；观白云，悟其卷舒；观山岳，悟其灵奇；观河海，悟其浩瀚。"因而，保持一种审美的态度去看待世间万物，你会发觉生活异常美好。小则草芥微虫，大到宇宙苍穹，皆有其灵妙之处，皆有清新可言。不论是诗词歌赋，还是影视小说，各有各味，各有所长。

达尔文曾经说过，乐观是希望的明灯，它指引着你从危险峡谷中步向坦途，使你得到新的生命、新的希望，支持着你的理想永不泯灭。笑面人生，人生会更乐观潇洒；笑面人生，人生会更绚丽精彩；笑面人生，人生会更自由豪迈。

练习心平静：心病可用"笑疗"医

注意，不是张嘴就代表微笑。微笑是一种真实的、热诚的、发自内心的欢快表情。人在微笑的时候表情最自然，任何一点虚伪和造作都会让微笑的对象产生厌倦和反感。

现在，有不少人因动气动怒得了强迫症、抑郁症或其他类型的心理疾病，不妨也采用"笑疗"的方法，自己为自己治病。具体的做法是：

方法一：当你感觉苦闷、忧愁而又难以摆脱时，采取"逆向思维"法，多听听相声、小品、喜剧，在阵阵欢笑中化开心中的郁结，这比任何药物或许都管用。

方法二：多和那些喜欢幽默，又好说笑话的朋友接触。与他们在一起，幽默的话语不绝于耳，一个个笑话让人心中充满欢悦，有时还会从笑声中得到不少人生的感悟。

方法三：平时多看些欢乐的演出或电视节目，像文艺演出，还有电视中的《欢乐总动员》《快乐大本营》及电台的"空中笑林"等节目，听着看着，你会沉浸在会心的笑意中，那些郁闷就会一扫而光。

方法四：找友人聊天，和性格开朗的人相聚，把心中的不快说出来，给心灵来个"减负"，并从别人的劝解中释疑解惑，同时对方的幽默语言也会让你发笑，从而获得好心情。

方法五：找个环境优雅之处，静下心来专门去想那些可乐的事儿，或一段相声，或一件让人捧腹的事儿，也可以自己突发奇想，假设出一些让人笑的事，这样你会情不自禁地笑出声来。

第七章

用脾气去攻打，不如用宽容去征服

　　人有一分器量，便有一分气质；人有一分气质，便多一分人缘；人有一分人缘，必多一分事业。宽容的是别人，善待的是自己；心有多宽广，世界有多大。与其动气发怒，不如以德服人。与其用脾气去攻打，不如用宽容去征服。

　　以平和的态度来摆事实、讲道理，要比大喊大叫更能让对方心服口服，而宽恕和谅解有时比伤害、侮辱更能震撼人心。

1.气上心头，宽容为上

法国十九世纪的文学大师维克多·雨果曾说过这样的一句话："世界上最宽阔的是海洋，比海洋宽阔的是天空，比天空更宽阔的是人的胸怀。"雨果的话虽然浪漫，却也不无现实启示。

相传古代有位老禅师，一日夜晚在禅院里散步，突见墙角边有一张椅子，他一看便知有位出家人违反寺规越墙出去遛达了。老禅师也不声张，走到墙边，移开椅子，就地而蹲。少顷，果真有一小和尚翻墙，黑暗中踩着老禅师的背脊跳进了院子。当他双脚着地时，才发觉刚才踏的不是椅子，而是自己的师傅。小和尚顿时惊慌失措，张口结舌。但出乎小和尚意料的是师傅并没有厉声责备他，只是以平静的语调说："夜深天凉，快去多穿一件衣服。"

老禅师宽容了他的弟子。他知道，宽容是一种无声的教育。

在日常生活中，当没有缘分的"对手"，出于内心的丑恶，在你背后说坏话做错事，此时你是动气发怒、想伺机报复，还是宽容？当你亲密无间的朋友无意或有意做了令你伤心的事情，此时你想从此绝交，还是宽容？冷静地想一想，还是宽容为上。这样于人于己都有好处。

有人说宽容是软弱的象征，其实不然，有软弱之嫌的宽容根本称不上真正的宽容。宽容是人生难得的佳境——一种需要操练、需要修行才能达到的境界。

心理学家指出：适度的宽容，对于改善人际关系和身心健康都是有益的。这种宽容，指的是对于子女或别人在生活、工作、学习中的过失、过错采取适当的"羞辱政策"，有效地防止事态扩大而加剧矛盾，避免产生严重后果。

大量事实证明，不会宽容别人亦会殃及自身。过于苛求别人或苛求自己的人，必定处于紧张的心理状态之中。由于内心的矛盾冲突或情绪危机难于解脱，极易导致机体内分泌功能失调，诸如使肾上腺素、去甲肾上腺素过量分泌，引起体内一系列生理化学改变，导致血压升高，心跳加快，消化液分泌减少，胃肠功能紊乱等，并可伴有头昏脑胀、失眠多梦、乏力倦怠、食欲不振、心烦意乱等症候。紧张心理的刺激会影响内分泌功能，而内分泌功能的改变又会反过来增加人的紧张心理，形成恶性循环，贻害身心健康。有的过激者甚至失去理智而酿成祸端，造成严重后果。

而一旦宽恕别人之后，心理上便会经过一次巨大的转变和净化过程，使人际关系出现新的转机，诸多忧愁烦闷可得以避免或消除。

2.胸襟一宽怒气消

心胸狭小的人易动气多烦恼，别人不能公正地对待他，会使其动气；自己的机遇不如人，也会使其烦恼。在生活中遇到些许不顺的事情，便会叫苦连天，仿若安徒生童话中那个豌豆上的公主。

在人的一生中，面对一个小小的过失，常常是一个淡淡的微笑，一句轻轻的歉语，就可以使内疚、紧张和不愉快化为无形；我们也常常因一件小事、一句不注意的话，使人不理解或不被信任，但不要苛求任何人，以律人之心律己，以恕己之心恕人。所谓"己所不欲，勿施于人"也寓理于此。

夏原吉，江西德兴人，是明宣宗时的宰相。他为人宽厚，有古君子之风。

有一次夏原吉巡视苏州，婉谢了地方官的招待，只在客店里进食。厨师做菜太咸，使他无法入口，他仅吃些白饭充饥，并不说出原因，以免厨师受责。随后他又巡视淮阴，在野外休息的时候，不料马突然跑了，随从去追了好久，都不见回来。夏原吉不免有点担心，适逢有人路过便向前问道："请问你看见前面有人在追马吗？"话刚说完，没想到那人却怒目对他答道："谁管你追马追牛？走开！我还要赶路。我看你真像一条笨牛！"这时随从正好追马回来，一听这话，立刻抓住那人，厉声喝斥，要他跪着向宰相赔礼。可是夏原吉阻止道："算了吧！他也许是赶路辛苦了，所以才急不择言。"便笑着把他放走了。

有一天，一个老仆人弄脏了皇帝赐给他的金缕衣，吓得准备逃跑。夏原吉知道了，便对他说："衣服弄脏了，可以清洗，怕什么？"又有一次，奴婢不小心打破了他心爱的砚台，躲着不敢见他，他便派人安慰她说："任何东西都有损坏的时候，我并不在意这件事呀！"因此他家中不论上下，都很和睦地相处在一起。

当他告老还乡的时候，寄居途中旅馆，一只袜子湿了，命伙计去烘干。伙计不慎，袜子被火烧坏，伙计却不敢报告；过了好久，才托人情请罪。他笑着说："怎么不早告诉我呢？"说着就把剩下的一只袜子也丢进垃圾桶里。他回到家乡以后，每天和农人、樵夫一起谈天说笑，显得非常亲切，不知道的人，谁也看不出他是曾经做过朝廷宰相的人。

胸怀宽广的人不会成日计较于鸡毛蒜皮，整天着眼于蝇头小利，枉费了许多时间和精力。一个人有了宽广的胸怀，他在生活中便多了理解，多了宽容，多了温和，多了宠辱不惊的气度。他也更能体会到宁静和幸福。

3.以大气替代 "小气"

有这样一个故事：

美国总统林肯在组织内阁时，所选任的阁员各有不同的个性：有勇于任事、屡建功勋的军人史坦顿，有严厉的西华德，有冷静善思的蔡斯，有坚定不移的卡梅隆，但林肯却能使各个性格绝对不同的阁员互相合作。正因为林肯有宽宏的度量，能舍己从人，乐于与人为善。尤其是史坦顿，那种倔强的态度，如在常人，几乎不能容忍，唯有林肯过人的心胸，使得他驾驭阁员指挥自如，使每个阁员都能为国效忠。

成功的上司总是豁达大度，决不会因下属的礼貌不周或偶有冒犯而滥用权威。所以作为上司，应该有宽恕下属的大度，这样才更能赢得下属的拥戴。

有一次，柏林空军军官俱乐部举行盛宴招待有名的空战英雄乌戴特将军，一名年轻士兵被派替将军斟酒。由于过于紧张，士兵竟将酒淋到将军那光秃秃的头上去了。周围的人顿时都怔住了，那闯祸的士兵则僵直地立正，准备接受将军的责罚。但是，将军没有拍案大怒，他用餐巾抹了抹头，不仅宽恕了士兵，还幽默地说："老弟，你以为这种疗法有效吗？"这样，全场人的紧张气氛都被一扫而光。

每个人身边可能会有各种各样性格的人，这些人的处世方式、待人方式都不相同，这就需要你有宽宏大量的心胸。

不需多加论证，作为一个理智健全的人，特别是一个希望逐渐完备自己人格的人，总是要有点雅量的。雅量，是衡量一个人成熟与否、修养程度的重要标尺之一。

当你手握足以致人哑口无言的权柄，身处令人赞不绝耳的高位，而面对尖锐的批评逆语，你是否能够做到不怒目横扫、暴跳如雷呢？

《尚书》说："一定要有容纳的雅量，道德才会广大；一定要能忍辱，事情才能办得好！"如果遇到一点点不如意便立刻勃然大怒，遇到一件不称心的事情立即气愤感慨，这表示此人没有涵养，同时也是福气浅薄的人。所以说："发觉别人的奸诈，而不说出口，有无限的余味！"

应该承认，有些高贵品格是普通人毕生企望但不可能达到的；可人的雅量却是完全能够通过修炼而得到甚至可做到"随心所欲"的。

人难免与十分讨厌的人偶然狭路相逢，尽管有人可以装作很随便的样子，竭力扮潇洒样扬长而去。但很多有雅量的人不会那样去做，而是没有丝毫装模作样地缓缓笑迎着对方漠然的脸孔和布满疑惑的眼神，坦然地擦肩而过。这些人轻松地抹去了粗鲁的伤害与侮辱的阴影，用友好的阳光装满了雅量的酒杯，小抿一口，自是清香浓烈。当不期而遇的挫折、误解、嘲笑等迎面而来时，相信并依靠个人的雅量吧，那是驱逐并能够战胜这一切烦恼和痛苦的忠实朋友。

4.扔掉报复这把双刃剑

一只蜂房里的蜂后从海米德斯山飞上夏林比斯山，把刚从蜂房里取出来的蜜献给天神。天神对蜂后的奉献很高兴，就答应给它所要求的任何东西。

蜂后于是请求天神说："请你给我一根刺，如果有人要取我的蜜，我便可以刺他。"天神很不高兴，因为他很爱人类，但因为已经答应，不便拒绝它的请求，于是天神回答蜂后说："你可以得到刺，但那刺留在对方的伤口里，你将因为失去刺而死亡。"

报复是把双刃剑，当你伤害了别人时，正有一把心刺刺向你自己——你可以得到刺，但那刺留在对方的伤口里，你将因为失去刺而死亡。

在社会交往中，有些人欲以攻击方式对那些曾给自己带来伤害或不愉快的人发泄不满，这种情绪就是报复。报复心理是一种不健康的心理状态，它不仅会对报复对象造成这样或那样的威胁，而且有害自己的心理健康。试想，如果这个世界上谁都"有仇必报"的话，那么冤冤相报何时能了呢？社会又怎么能够平静安稳？所以，脑袋中还在转着报复念头的人，劝你"放下屠刀"吧！

每个人都该学会用动机和效果统一的观点去衡量人的行为，这样可以减少许多不满情绪的产生，为报复心的萌生断了后路。当他人给你带来伤害或不愉快时，你应该试着回想自己是否在某时某刻也给别人带来过同样的伤害。如此将心比心，报复的欲念就会慢慢散去。在人际交往中，不可能没有利害冲突。当你受挫折或不愉快时，不妨进行一下心理换位，将自己置身于对方境遇中，想想自己会怎么办。通过这样的换位，你也许能理解对方的许多苦衷，正确看待他人给自己带来的挫折或不愉快，从而消除报复心理。

报复毕竟是对他人的一种伤害，每个人在产生报复的念头时务必要多考虑报复的危害性。报复行为会不会受到社会舆论的谴责？会不会触犯纪律或法律？如果你的良心约束不了你，那就只有法律来束缚你。

有报复心理的人一般心胸狭窄，易受情绪影响，且恶劣心境的作用强烈而漫长。所以，要加强自身修养，开阔心胸，提高自制能力，让自己在阳光雨露下生活。

多一点宽容，根除报复心理，我们将赢得更多的朋友。

5.放下"仇恨袋"，干戈化玉帛

　　第二次世界大战期间，一支部队在森林中与敌军相遇，激战后，两名战士与部队失去了联系。这两名战士来自同一座小镇。

　　两人在森林中艰难跋涉，他们互相鼓励、互相安慰。十多天过去了，仍未与部队联系上。这一天，他们打死了一只鹿，依靠鹿肉又艰难度过了几天。可也许是战争使动物四散奔逃或被杀光，这以后他们再也没看到过任何动物。他们仅剩下的一点鹿肉被年轻战士背在身上。这一天，他们在森林中又一次与敌人相遇，经过再一次激战，他们巧妙地避开了敌人。

　　就在自以为已经安全时，只听一声枪响，走在前面的年轻战士中了一枪——幸亏伤在肩膀上！后面的士兵惶恐地跑了过来，害怕得语无伦次，抱着战友的身体泪流不止，并赶快把自己的衬衣撕下包扎战友的伤口。

　　晚上，未受伤的士兵一直念叨着母亲的名字，两眼直勾勾的。他们都以为他们熬不过这一关了，尽管饥饿难忍，可他们谁也没动身边的鹿肉。天知道他们是怎么过的那一夜。第二天，部队救出了他们。

　　事隔30年，那位受伤的战士安德森说："我知道谁开的那一枪，他就是我的战友。当时在他抱住我时，我碰到他发热的枪管。我怎么也不明白，他为什么对我开枪？但当晚我就宽容了他。我知道他想独吞我身上的鹿肉，我也知道他想为了他的母亲而活下来。此后30年，我假装根本不知道此事，也从不提及。战争太残酷了，他母亲还是没有等到他回来，我和他一起祭奠了老人家。那一天，他跪下来，请求我原谅他，我没让他说下去。我们又做了几十年的朋友，我宽容了他。"

受伤的士兵明知道是战友伤害了他，但他能看在朋友的分上原谅战友，这是宽容的最高境界，能够在自己生命受到威胁的时候设身处地地去替别人设想，原谅别人对自己犯下的过错，这是一种以德报怨的伟大精神，如此大度的宽容必定会消融所有仇恨，赢得一个充满温馨的世界。释迦牟尼说：以恨对恨，恨永远存在；以爱对恨，恨自然消失。

佛陀在世时，有位阿阇世王，为了夺取王位，害死了自己的父王频毗娑罗王自立为王。不久，当他知道弑父的罪报后，开始心生悔恼，由此而全身发热生疮，臭秽不可闻，经治疗后，病情不但没有减轻，反而越发严重，虽有人劝请他往佛陀处求取忏悔解救，仍自惭形秽不愿去。

频毗娑罗王虽被儿子杀害，但他生前信佛虔诚，深知身心的虚幻无常，故不但没有任何的怨恨，而且在知道儿子的情况后，反而显灵劝告儿子，告诉他，自己是佛陀的弟子，愿以佛陀的慈悲来原谅他，而且佛陀就快入灭了，如果不赶快去，就再也见不到佛陀了，因为除了佛陀能救他，使他不堕入地狱外，再也没有任何人可以解救他了。受到父王的催促，阿阇世王前往求见佛陀，因而得以获救。

频毗娑罗王的宽容的确令人感动，他展现了宽容的真义，如此难能可贵的宽容，他不只原谅了儿子，更升华了自己！

宽容，意味着你已经不再用别人的错误来惩罚自己，也意味着你已经由一个平凡的人升华到一个不平凡的人。宽容地对待你的对手、仇人，你会感受到退一步海阔天空的喜悦，也能体会到人与人之间化干戈为玉帛、达到心灵沟通的幸福，更会收获对方因自己的宽容而回心转意的欣慰。学会宽容别人，就是学会宽容自己；给别人一个改过的机会，就是给自己一个更广阔的空间！

　　宽容，也是一个不断超越自己、超越执着的过程，我们愈能宽容，就愈能净化自己，使自己靠近光明。希望我们每一个人都能这样想：我愿意宽容，在过去、现在和未来，所有诋毁、妒忌、蔑视、欺辱、欺骗，甚至伤害、戕害、杀害我的人！

　　我们的心灵本是一方净土，怨恨使它成为地狱，而宽容可以把地狱变成天堂。如果我们选择了宽容，那就是选择了天堂。

6.以和气对火气

　　碰到有人火气十足、无端撒气时，如果柔言相答，以和气对火气，结果会换来微笑。

　　一家磁器店营业员老王面对一位十分挑剔的女顾客，给她拿了好几套磁器，挑了半个钟头还没选中。因顾客太多，他先照应别的顾客去了。这位女顾客以为冷落了她，便把脸一沉，大声指责说："喂，你这是什么态度，你眼睛没有看见我先来吗？为什么扔下我不管？"她把钞票往柜台上一扔，命令道："快给我买，我还有急事！"这话真够刺耳难听的。然而，老王没和她"一般见识"，他安排好其他顾客，和颜悦色地对她说："请你原谅，我们店生意忙，对你服务不周到，让你久等了，我服务态度不好，欢迎你多提宝贵意见。"老王这几句真诚而谦逊的话一出口，那位女顾客的脸一下子红了，转而难为情地说："我说得不好听，也请你原谅。"

　　老王以"和气"对"火气"，表面上"似水柔情"，实际上"力胜千钧"。

　　一家餐馆里，一位顾客粗声大气地嚷着："小姐，你过来，你过来！"他指着面前的杯子，满脸怒气地说："看看，你们的牛奶是劣质的吧，看把这杯红茶都糟蹋了！"

　　"真对不起！"服务小姐笑道，"我立刻给您换一杯。"

　　新红茶很快端来了。茶杯跟前仍放着新鲜的柠檬和牛奶。小姐把红茶轻轻放在顾客的面前，又轻声地说："我是不是能向您建议，如果在茶里放柠檬，就不要加牛奶，因为有时候柠檬会造成牛奶结块。"顾客的脸一下就红了。他匆匆喝完茶，走了出去。

有人笑着问服务小姐："明明是他没理，你为什么不直说呢？他那么粗鲁地叫你，你为什么不给他一点颜色瞧瞧？"

小姐说："正因为他粗鲁，所以要用婉转的方式对待；正因为道理一说就明白，所以用不着大声。理不直的人，常用'气壮''来压人。理直的人，要用'气和'来交朋友！"

客人们都佩服地点头笑了，对这家餐馆也增加了许多好感。

某国产名牌鞋专卖店发生过这样一件事：一次，一名顾客怒气冲冲地找到店长，说："我在你们店花300多元买了一双鞋，没穿几天开胶了，要来退，售货员不给办！你们就是说一套做一套，骗完钱了事！整天说什么顾客是上帝，我看就是挂在口头贴在墙面上的空话！"

店长也很不高兴，情况都没说明白怎么就开始人身攻击了。于是勉强压下火气说："这位先生，我们的保修票据上说得很清楚，开胶了只能修不能退！"

没想到顾客更火了，喊着要去找消费者协会投诉，找媒体曝光你的品牌。店长也不示弱，干脆"据理力争"，最后这位顾客嘴里嚷骂着出了店门。

在处理和解决顾客投诉时，要态度诚恳、语言婉转；多询问少解释，绝不能争论或辩护，要站在顾客的角度看问题。同时，也要把握好处理原则，为顾客考虑，有了问题为客户解决，但不是企业的责任也不能因此给企业带来更大损失。处理客户投诉，不仅要找出症结所在，弥补客户需要，同时必须努力恢复客户的信赖。

从另一个角度来看，客户投诉是最好的商品情报，销售人员与其找出各种理由逃避，不如怀抱感激之情欣然前往处理。

以和气对火气，是化解怒火、消除矛盾的灵丹妙药。

7.给个台阶，大家都好看

　　美国有位总统，因为用人问题，遭到一些人的强烈反对。在一次国会会议上，有位议员当面粗野地讥骂他，他极力忍耐，没有发作。等对方骂完了，他才用温和的口吻道："你现在怒气应该平息了吧，照理你是没有权力这样责问我的，但现在我仍然愿详细解释给你听……"他的这种让人姿态，使那位议员红了脸，矛盾立即缓和下来。试想，如果得理不让人，利用自己的职位和得理的优势，咄咄逼人进行反击的话，那对方决不会服气的。由此可见，当双方处于尖锐对抗状态时，得理者的忍让态度能使对立情绪"降温"。

　　一些适时退让的方法，使双方都能在尴尬的气氛中缓和下来：

　　1."你好我好大家好"

　　生活中常有一些人特别固执己见，十分容易为些小事情同别人争论，而且火药味浓烈。这时候，得理的一方应当有饶人的雅量，他可以一面解释一面折中调和，最好使用不带刺激性的"各打五十大板"或者"你好我好"的语言形式，以避免冲突的扩大。有一位先生，一次上岳父家吃饭，进餐时翁婿两人聊起了一条高速公路的修建问题。那先生强调：公路的进度一再推迟，是有关方面的一个严重错误；而岳父则不同意，认为公路本来就不该兴建。两人你一言我一语，争论渐趋激烈。后来那位泰山大人把问题扯到"年轻人自私心重，没有环保意识"上面，显然是在批评那先生。那先生怕再争论下去伤和气，便开始缓和下来，他婉转地说："可能我们的看法永远也不会合辙，可是，那没有什么，也许我们都是对的，也许我们都是错的，这也是未可知的事。"那先生的一席话，不仅给自己搭了台阶，也给争论双方打了圆场。避免了双方争论不休，矛盾扩大，影响感情。试想，如果那先生意气用事地与岳父争论下去，结果会如何呢？很可能惹火老岳父，被臭骂一顿。

2. "事情原来如此这般"

不少时候，人和人之间的相互发火是因为互不了解、有失沟通造成的。这时候得理的一方切不可因对方的错怪而以怒制怒。最好的方式是多加解释，想法沟通或者道歉、劝慰，与对方达成谅解或共识。一所医院里，病人挤满了候诊室。一个病人排在队伍中，将手上的报纸都看完了也没有挪动一步，于是他怒火万丈，敲着值班室的窗户对值班人员大喊："你们这是什么医院？这么多人排队你们看不见吗？为什么不想办法解决？我下午还有急事呢！"值班员面对病人的怒火，耐心解释说："很抱歉，让你等了这么久。是这样的，医生去开刀了，抢救一个危重病人，一时脱不了身。我再打电话问问，看看他还要多久才能出来。谢谢你的耐心等候。"患者排大队得不到及时诊治，责任并不在那个值班员身上，但是面对病人的错怪，他却沉住气一面解释，一面劝慰，这就比以怒制怒，火上添油地回答好多了。

3. "这一切权当都怪我"

面对蛮横无理者，得理者若只用以恶制恶的方式，常常会大上其当。这时候，平息风波的较好方式莫过于得理者勇敢地站出来，主动承担责任，以自责的方式对抗恶人恶语，以柔克刚。有一个商场营业员，遇一个中年男子来退一只电饭锅。那锅已经用得半新半旧了，他却粗声粗气地说："我用了一个多月就坏了，这是什么鸟货？你再给我换一个！"营业员耐心解释，他却大吼大嚷，并满口脏话说什么："我来了你就得给退，光卖不退算个鸟！"营业员虽然占理，但为了不使争吵继续下去，便温和地对他说："这种电饭锅已经用一段时间了，又没有质量问题，按规定是不能退的。可是你执意要退，那就干脆卖给我好了。"就在她掏钱的时候，那个粗暴的男顾客脸红了，他终于停止了争吵，悄然离去。显然，营业员的宽容与自责方式起了良好作用。因为它反衬出对方的无理和低劣，从而从容地制止了事态的扩大。

4. "算了，我只是想提醒你"

一位丈夫彻夜未归，次日才幽灵般地回到家中，妻子埋怨了几句，两人便你一言我一语地干起仗来。忽然，妻子说："算了，没什么了不起，男人晚上不回家都成时髦了——我唯一要提醒你的是：熟悉的地方还是有风景的！"那妻子虽然占理，却没有去"痛打落水狗"，只是调侃了几句，便使一场冲突体面地结束了。

总之，打破僵局的方法很多，矛盾宜解不宜结。其中根本的一点是：任何情况下都不可以有给对方一点颜色看、惩罚对方一下、非让他（她）低头认罪不可的种种不良心态。有话说话，有理讲理，宁要争吵也不要冷战，这是许多人总结出的一条经验，而一旦处于冷战中无人主动来给你们调解，那就靠双方"系铃人"来努力解开沉默无言这个"铃"了。

总而言之，为人不可太固执，是你的错理所当然要致歉和解；如果占理，让人一步不为低，人们最终会承认你的正确，并称道你的宽宏大量。

8.成大事者必有大气度

"腹中天地宽，常有渡人船。"有了这样的胸襟和情怀，就会表现出虚怀若谷、雍容大度的谦谦君子之风。

在为人处世中尽可能地去理解他人、体谅他人、关心他人、帮助他人，对人不求全责备，不斤斤计较，与人为善，宽宏大度，不计前嫌，不报私怨，这些都是我们待人接物理应遵循的基本原则。只有这样，才能兼容万事万物，同各种人搞好关系，化解人与人之间的矛盾冲突，沟通人与人之间的心灵、感情，增加了解，加深友情，从而促进人际关系的和谐融洽。即使碰到不顺心、难如意的事也不要斤斤计较，耿耿于怀。这必然要求我们在实际生活中真正做到宽容待人、豁达处世。

待人要宽容。常言道：化干戈为玉帛者是机智坦荡之人，化仇恨为友情者是胸怀博大之人。忍受一时的怨恨，能使人终身受益。

"胯下之辱"这个故事大家可能都比较熟悉。西汉大将韩信年轻时曾受到一个屠夫的刁难。那个屠夫骄狂地对韩信说："你敢不敢在我身上扎两刀？如果不敢，那么就从我胯下爬过去。"韩信听罢，非常动气，心想自己一身武艺还怕你一个小无赖不成？正待发作，但转念一想，我为什么要跟一个屠夫一般见识呢？于是一咬牙，从屠夫胯下爬了过去。后来，韩信当了大将军，他不但没有因为"胯下之辱"而杀那个屠夫，反而给了他一些钱，委派他担任一个职务，使其深受感动。那个屠夫后来成了护卫韩信的忠诚卫士。

我们生活在一个社会大家庭之中，人与人之间难免会出现一些磕磕碰碰，如有的伤了自己的面子，有的让自己下不了台，有的当众给自己难堪，有的对自己抱有成见，等等。遇到这些事情，我们应该以自己的宽宏大度促使他人反躬自省。如果"针尖对麦芒"，针锋相对，以牙还牙，反而会把事态扩大，甚至激化矛盾，于己于人都没有好处。

"退一步海阔天空"，"大度能容天下事"。我们应该以这种胸怀，妥善处理日常工作、生活中遇到的一些问题。这样才能处理好人际关系，更好地享受到工作、学习、生活的乐趣。

9.忍让乃人生大智慧

生活在纷繁复杂的大千世界里，每个人都和别人发生着千丝万缕的联系，磕磕碰碰，出现点摩擦在所难免。此时，如果怒火中烧，仇恨满天，得理不饶人，后果只能是两败俱伤，鱼死网破，而如果采取忍让之道，则会"退一步海阔天空，忍一时风平浪静"。哪个更划算，不言自明。

中国历史上，凡是显世扬名、彪炳史册的英雄豪杰、仁人志士，无不能忍。人生在世，生与死较，利与害权，福与祸衡，喜与怒称，小之一身，大之天下国家，都离不开忍。在现代社会中，许多事业上非常成功的企业家、金融巨头亦将"忍"字奉为修身立本的真经。因而，忍是修养胸怀的要务，是安身立命的法宝，是众生和谐的祥瑞，是成就大业的利器。

忍是一种宽广博大的胸怀，忍是一种包容一切的气概。忍讲究的是策略，体现的是智慧。"弓过盈则弯，刀过刚则断"，能忍者追求的是大智大勇，绝不做头脑发热的莽夫。

忍让是人生的一种智慧，是建立良好人际关系的法宝。

《寓圃杂记》中记述了杨翥的故事。杨翥的邻居丢失了一只鸡，指骂说是被杨家偷去了。家人气愤不过，把此事告诉了杨翥，想请他去找邻居理论。可杨翥却说："此处又不是我们一家姓杨，怎知骂的是我们，随他骂去吧！"还有一邻居，每当下雨时，便把自己家院子中的积水放到杨翥家去，使杨翥家如同发水一般，遭受水灾之苦。家人告诉杨翥，他却劝家人道："总是下雨的时候少，晴天的时候多。"

久之久之，邻居们都被杨翥的宽容忍让所感动，纷纷到他家请罪。有一年，一伙贼人密谋欲抢杨翥家的财产，邻居得知此事后，主动组织起来帮杨家守夜防贼，使杨家免去了这场灾难。

忍让是智者的大度，强者的涵养。忍让并不意味着怯懦，也不意味着无能。忍让是医治痛苦的良方，是一生平安的护身符。

生活中许多事当忍则忍，能让则让。善于忍让，宽宏大量，是一种境界，一种智慧。处在这种境界的人，少了许多烦恼和急躁，能获得更加亮丽的人生。

10.做人不必太较真

　　做人不能一点都不在乎，游戏人生，玩世不恭；但也不能太较真，认死理。"水至清则无鱼，人至清则无友。"太认真了，就会对什么都看不惯，连一个朋友也容不下，就会把自己封闭和孤立起来，失去了与外界的沟通和交往。

　　桌面很平，但在高倍放大镜下就是凸凹不平的黄土高坡；居住的房间看起来干净卫生，当阳光射进窗户时就会看到许多粉尘和灰粒弥漫在空气当中。如果我们每天都带着放大镜和显微镜去看东西，恐怕世上没有多少可以吃的食物、可以喝的水、可以居住的环境了。如果用这种方式去看别人，世上也就没有美，人人都是一身的毛病，甚至都是十恶不赦的大坏蛋了。

　　人活在世上难免要与别人打交道，对待别人的过失、缺陷，宽容大度一些，不要吹毛求疵、求全责备，可以求大同存小异，甚至可以糊涂一些。如果一味地要"明察秋毫"，眼里揉不得沙子，过分挑剔，连一些鸡毛蒜皮的小事都要去论个是非曲直，争个输赢来，别人就会日渐疏远你，最终自己就变成了孤家寡人。

　　要真正做到不较真，不是件很容易的事，需要善解人意的思维方法。有位顾客总是抱怨他家附近超市的女服务员整天沉着脸，谁见她都觉得好像自己欠她200元钱似的。后来他的妻子打听到这位女服务员的真实情况。原来她的丈夫有外遇，整天不在家，上有老母瘫痪在床，下有七八岁的女儿患有先天性的哮喘，自己也下岗了，每月只有二三百元的下岗工资，住在一间12平方米的小屋里，难怪她整天愁眉不展。明白至此，这位顾客再也不计较她的态度了，而是想法去帮助她。

　　在公共场所遇到了一些不顺心的事，也用不着动肝火，其实也不值得去动气。素不相识的人不小心冒犯了你可能是有原因的，也许是各种各样的烦心事搅在一起了，致使他心情糟糕，甚至行为失控，偏巧又让你给撞上了……其实，只要对方不是做出有辱人格或违法的事情，你就大可不必去跟他计较，当以宽大为怀。假如跟别人较起真来，刀对刀、枪对枪地干起来，再弄出什么严重的事儿来，可真是太不值得了。跟萍水相逢的人较真，实在不是明智之举；跟见识浅的人较真，无疑是降低自己做人的档次。

　　提倡对某些事情不必太较真，可以"敷衍了事"，目的在于有更多的时间和精力去做我们认为值得干的一些重要事情，这样我们成功的希望就多一分，朋友的圈子就能扩大几分。

　　古今中外，凡能成就一番大事业者，无不具有海纳百川的雅量，容别人所不能容，忍别人所不能忍，善于求大同存小异，赢得大多数人的喜爱。他们豁达而不拘小节，善于从大处着眼；从长计议而不目光短浅，从不斤斤计较，拘泥于琐碎小事。

11.闻"批"则喜，和批评你的人交友

人的一生受到朋友的影响是相当大的，很多人因为朋友而成功，也有很多人因朋友而失败，甚至因朋友而倾家荡产，妻离子散。

害怕因为朋友而失败，那不交朋友可以吧？

事情并不是那么简单，因为没有朋友，也就差不多无路可走，寂寞一生了，即使你闭紧心扉，还是会有人来用力敲。当有人来敲你的心扉时，你应还是不应？应的话，可能那是个坏朋友，不应的话，可能失去一个好朋友。

因此，你总是要面对"交朋友"这个问题的。交到好的朋友你可能会受益一生，得到无限的乐趣，至少不会受到伤害。而若交到坏的朋友，想不走入歧途、不倒霉是很难的。

一样米饲百样人，人有很多种，在对待朋友的态度上也有很多种类型，有每天说好话给你听的，有看到你不对就批评、指责你，有热情如火、喜欢奉献的，也有冷漠如冰，只考虑个人利益的；有憨厚的，也有狡诈使坏的……

这么多类型的朋友，好坏很难分辨，而当你发现他坏时常常是来不及了，因此平时的交往经验极为重要。

不过有一种类型的朋友肯定是值得交往的，那就是会批评、指责你的朋友。

和只会说好话的朋友比起来，那些只知道批评、指责你的朋友是令人讨厌的，因为他说的都是你不喜欢听的话，你自认为得意的事向他说，他偏偏泼你冷水，你满腹的理想、计划对他说，他却毫不留情

地指出其中的问题，有时甚至不分青红皂白地就把你做人做事的缺点数说一顿……反正，从他嘴里听不到一句好话，这种人要不让人讨厌也真难。

但是这种朋友，如果你放弃，那就太可惜了。

基本上，在社会做过事的人都会尽量不得罪人，因此多半是宁可说好听的话让人高兴，也不说难听的话让人讨厌。说好听的话的人不一定都是"坏人"，但如果站在朋友的立场，只说好听的话，就失去了做朋友的义务了；明明知道你有缺点而不去说，这算是什么朋友呢？如果还进一步"赞扬"你的缺点，则更是别有居心了。这种朋友就算不害你，对你也没有任何好处，大可不必浪费时间和这样的人交往。

但实际上的情形如何呢？很多人碰到光说好话的朋友便乐陶陶，不知是非了；其实他们顺着你的意思说话，让你高兴，为的就是你的资源——你的可以利用的价值，很多人被朋友拖累就是这个原因。

比较起来，那些让你讨厌，像只乌鸦，光说难听的话的朋友就真实得多了。这种人绝对无求于你（不挨你骂，不失去你这个朋友就很不错了），他的出发点是为你好，这种朋友是你真正的朋友。

也许你不相信我所说的，那么想想父母对待子女好了。

一般父母碰到子女有什么不对，总是责之、骂之，子女有什么"雄心壮志"，也总是想办法替他踩踩煞车，不让他脱缰而去；为的是什么？是为子女好，怕子女受到伤害，遭到失败。这是为人父母的至情，只有父母才会这么做。

朋友的心情也是如此的，否则他为何要惹你讨厌？说些好听的话，你说不定还会给他许多好处呢。

只有经常批评、指责你的人才是你人生的导师。

12.去除小人心，修炼君子腹

猜疑往往是心灵封闭者人为设置的心理屏障。它禁锢了人的正常思维，使人不断地把心理困惑投向自身，隐藏于内心深处。在得不到正常合理的化解的情况下，疑惑容易转化为愤怒、嫉妒、仇视等不良的情绪反应，害己殃人。

无端的猜疑，本来就是自己毫无逻辑的主观设想。胡乱猜疑他人的言行，本就没有客观事实的支撑，是一种形而上学的生活态度。信人者不疑人，疑人者不信人。疑心太重的人，"以小人之心，度君子之腹"，总怕别人争夺自己的利益，终日疑神疑鬼，顾虑重重。想想看，你对别人不放心，别人能对你坚信不疑吗？虽说防人之心不可无，但如果时时提防，处处疑人，人际关系还能和谐吗？

信任是人际沟通的奠基石，猜疑是人际和谐交往的绊脚石。要想消除猜疑，获取信任，首先就要排除自己主观片面的想法，要实事求是，明辨是非。要想客观地待人处事，就要有一个冷静的态度，这样才能避免自己陷入猜忌的情绪中失控。

当发现自己开始怀疑别人时，应当立即寻找产生怀疑的原因。在没有任何凭据之前不要妄下定论。

针对所疑之事摘下有色眼镜，客观地收集正反两个方面的信息。如"疑人偷斧"中的那个人，在丢失斧头之后要冷静考虑一下，斧头会不会是自己砍柴时忘了带回家，或者是挑柴时掉在了路上？有了这样的想法之后，他定会立即返回砍柴的地方寻找，对邻居家的小孩就不会产生怀疑了。在还没有调查事实真相之前，人们就被自己的主观假设所束缚，恐怕真相只会无限期地隐藏。等到真相大白时你就会发现自己曾经的猜疑是多么的荒诞可笑。

其次，想要消除疑虑，就要树立坦荡无私的胸怀。人们常说"做贼心虚"，意思就是说当自己内心不够坦荡的时候就会心怀鬼胎地去猜忌他人。曹操绝对不是一个心怀坦荡之心，所以他总是担忧有人会对他不利，即使做梦也在时时刻刻防备他身边的下人，最终忧郁成疾，含恨而死。

心怀坦荡，人就要自信。不自信的人，心里总是有太多的包袱放不下，于是他无法做到坦荡、磊落。每个人都有自己的长处，每个人都应当看到自己的长处，每个人都需要自信心的呵护。自信的人总是能很好地相信他人，被他人信任。自信的人能够妥善地处理各种人际关系，能够热情积极地工作和生活，他们不担心自己遭人质疑，也不随便怀疑别人。

心怀坦荡的人，总是不断地加强个人心理品质的修养，不断地提高精神文化境界，这反过来又会增加他们对他人的信任度，以及他人对他的依赖性。这是一个良性循环的自然过程。

此外，当发现自己有猜疑他人的倾向时要敞开心扉，增加心灵的透明度，与他人多沟通，求得彼此之间的了解体谅，更重要的是能够增加相互间的信任，消除隔阂，排释误会。

我们每一个人都应该扩宽自己的胸怀，增大对别人的信任，排除不合理的猜疑。尽可能地敞开心扉，将我们内心最美好、最良善的东西展现给他人。

13.心怀宽容，化解妒气

英国哲学家培根曾说："嫉妒这恶魔总是在暗暗地、悄悄地毁掉人间的好东西。"如果你想成就一番事业，千万要警惕，切莫被列入嫉妒者的行列。那么，应该怎样对待嫉妒心理呢？

1.开阔心胸，没有解不开的心结

伯特兰·罗素是20世纪声誉卓著、影响深远的思想家之一，他在其《快乐哲学》一书中谈到嫉妒时说："嫉妒尽管是一种罪恶，它的作用尽管可怕，但并非完全是一个恶魔。它的一部分是一种英雄式的痛苦的表现；人们在黑夜里盲目地摸索，也许走向一个更好的归宿，也许只是走向死亡与毁灭。要摆脱这种绝望，寻找康庄大道，文明人必须像他已经扩展了他的大脑一样扩展他的心胸。他必须学会超越自我，在超越自我的过程中，学得像宇宙万物那样逍遥自在。"

一个心胸宽广的人是不会嫉妒别人的。要使自己有一个比较开阔的心胸，必须不断加强自身修养，使自己从经常产生嫉妒的心理中解脱出来。要多向身边那些性情开朗、心胸开阔的人学习，要不断地告诫自己，不能学小心眼。同时要在生活实践中不断对自己的心胸做测验。有一个人自知他经常出现嫉妒心理，便向一个性情开朗的朋友多次求教有什么方法可以克服嫉妒心。那个朋友说，办法十分简单，只要你不去计较，便立即见效。这个人一想，的确是那么回事，后来，他凡是碰上对别人心生不满的时候，便主动回想朋友的话，便觉得自己不会嫉妒别人了。

2.见贤思齐，让别人成为你努力的标杆

有两个年轻人，大学毕业的时候都是学校的高材生，但到了工作岗位，其中一个在很短的时间内便做出了比较显著的成绩，另一个便在心里生出一种说不上来的味道，于是在别人赞扬老同学的时候，有意无意地说一些对方这也不行、那也不好的话。有一回，他在说老同学不是的时候，一个长者严肃地对他说："年轻人，要努力赶上人家才对，怎么能嫉妒人家呢？你和他一样，都是年轻人，他能做到的，你为什么不能做到呢？"长者的话如醍醐灌顶。于是，年轻人发奋努力，他鼓足了劲，决心要赶上并超过他的老同学。经过一段努力，他也在工作中取得了很大的成绩。

当别人幸运的时候或在地位上超越了自己的时候，你可能会意识到自己的不幸，为自己达不到而怨恨别人，感到愤愤不平，甚至放野火。在这种情况下，应严格要求自己，勇敢地正视自己的缺点，把别人的成绩作为鞭策自己前进的动力，变见强思嫉为见强思齐。从某种意义上讲，嫉妒是推动竞争的一种原动力。当看到他人在能力、成绩或其他方面处于优势地位的时候，应下定决心赶超，采取奋起直追的态度。

3.正确比较，将人之长比己之短

一般而言，嫉妒心理较多地产生于周围熟悉的年龄相仿、生活背景大致相同的人群中。因此，只有采取正确的比较方法，将人之长比己之短，而不是以己之长比人之短。比的方法对了，烦恼情绪就会少了。嫉妒的起因就是看不惯别人比自己强。如果能集中精力，不断地学习、探索，使自己的知识、技能、身心素质不断得到提高，就可以减少嫉妒的诱因。将自己的闲暇时间填得满满的，自然也就减少了"无事生非"的机会，这是克服嫉妒心理最根本的方法之一。

嫉妒是一种不服、不悦、自惭与怨恨交织的复合情绪，它埋在心里折磨自身，表现出来贻害他人。所以，嫉妒者除了注意自身修养外，还应学会自控情绪。可多读一些情操高尚的书籍，多听格调清新的音乐，培养开阔的胸怀。遇事严以律己，宽以待人，自重自爱，与人为善。这样，就可抵御嫉妒的入侵。

当嫉妒心理萌发时或是有一定表现时，能够积极主动地调整自己的意识和行动，从而控制自己的动机和感情，这就需要冷静地分析自己的想法和行为，同时客观地评价一下自己，从而找出一定的差距和问题。

14.生活因包容而美好

歌德说："人不能孤立地生活，他需要社会。"良好的人际关系是建立在包容的基础之上的，人只有在相互包容和谅解中才能求得共同的发展和进步。包容是一种人生的大境界，平和幸福的生活离不开包容。

但是在现实生活中，并不是每个人都能够做到宽以待人的，在大多数时候，我们还是会让自己的不理智占居上风。在我们的人生当中，同样的一条路摆在不同人的面前，就会有不同的结局，有的可以变成通天大道，而有的则是羊肠小道，有些甚至曲曲折折，找不到下脚的地方。只因为心态不同，心胸开阔的人无论走到哪里，都能够开辟出一条光明大道。所以，不要再抱怨生活，生活会令你难堪只是因为你总是让生活难过，多多反省一下自己吧，看看是不是自己不够包容才让生活变得如此的不堪。

一个善于包容的人能够正确地看待自己与他人的差别，既不妄自尊大、贬低他人，又不妄自菲薄、低估了自己，更不会因别人的权力、地位及财富而耿耿于怀。他们从来不会去记得自己给过人家什么恩惠，只是记得别人曾经对自己的好。而心胸狭窄的人则往往斤斤计较，只顾眼前的利益，从来不考虑给别人留后路。殊不知，这样做的后果是把自己逼上绝路，成为最彻底的失败者。

我们都是这个世界上独一无二的，我们每个人都有自己的不同，不同的处世态度，不同的修养和思想，不同的性格脾气，更重要的是我们都是在不同的环境下成长起来的。所以我们在平常的工作和生活之中，免不了会与他人产生一些摩擦和矛盾，如果一个人斤斤计较，可能会让矛盾加深，最终影响人与人之间的感情和关系，而一个心胸豁达、善于包容的人则常常会息事宁人。因为他们明白"忍一时风平浪静，退一步海阔天空"，他们总是让自己在矛盾或摩擦出现的时候，学会"大事化小，小事化了"。也正是他们这样包容豁达的心境让我们的这个世界充满了爱与美好，人与人之间的关系也变得越来越亲密。

人生的道路是很长的，在这样漫长的旅途中，没有人会一点错也不出，永远是对的。有些人可能会因为一时的冲动而伤害了我们的感情，有些人可能会在无意中误会了我们，诸如此类的事情，如果我们不会包容，总是用一种怨恨的态度去面对，到最后受伤的可能是我们自己。我们也会在不断的怨恨中，丧失作为一个人应该有的真善美，这才是最为可怕的事情。所以我们在面对别人的伤害的时候，与其在怨恨中让自己难过伤神，倒不如让自己的心胸包容一些，学会理解和包容别人，同时也让自己站在别人的立场上去思考一下。或许，当你真的这样做的时候，你就会发现你心中的怒火早已被换位思考而平息了，你也能够很容易地理解别人的行为。

所以，生活需要我们学会包容，因为包容能够让我们的人际关系更加和谐，能够让我们更加平和地和身边的每一个人友好相处。同时，一个人只有学会了包容，他的胸襟才会变得更加开阔，他也就为自己赢得了更多的朋友，赢得了他人更多的理解和信任，他脚下的路也会因此而越走越宽，他会不断地发现生活的美好与阳光。

练习心平静：修炼一颗宽容心

人生匆匆而过，只不过是一刹那的时间。但就是这短暂的时间，常常会给自己带来一次次的痛心，让自己的内心深处往往充满着怨恨，或是怒火。很多人都会选择一些不理智的行为去处理事情，最后将事情变得更加糟糕，让伤更深，让痛更痛。如果此时能够冷静，多一些考虑，多一些宽容，或许会有转机，或许一切都会变化。因而，每个人都应有一个颗宽容的心去看待事情，去包容他人。

诚然，宽容与豁达对于人生幸福是如此之重要，那么怎样才能使自己的心达到这种境界呢？

一，要有宽广的胸怀和谦虚的品质。

大海，它是绝不会拒绝任何一条河流的，它总是以最谦虚的品质容纳着别人，同时也在充实着自己。"不积硅步，无以致千里；不积小流，无以成江海"，也就是这个道理。"宰相肚里能撑船"，遇事大度一些，多些包容，无关紧要的事不必斤斤计较，生活中的矛盾就会越来越少，赢得更加宽广的人际空间。

二，要走出自我的小天地。

走出去请进来，有合作的精神，敢于善于进行交流合作。古人说过，"流水不腐，户枢不蠹"。兼容并包，一进一出，有了交流方显活力。比如你是生意人，要明白"众人拾柴火焰高"的道理，要学会与竞争对手合作、与客户合作、与经销商商合作。

三，要学会取长补短，优势互补。

要向有优点的人学习，要把别人好的理念、好的做法，按照鲁迅先生的"拿来主义"的观点那样，兼收并蓄，取长补短，为我所用。比如说，征地拆迁是一件很难的事情，每个地方都有一些酸甜苦辣的经验教训，其中就不乏一些成功的做法，他们把征地拆迁真正做成了民心工程工作，这是很值得人学习借鉴的。

四，要原谅他人的过错。

孔子说过："成事不说，遂事不谏，既往不咎"，又对学生曾子说："吾道一以贯之，忠恕而已矣"。但在现实生活中中，人们常常会因为一点点的小事情去求全责备，甚至去埋怨，或是不理解。让人与人之间的交流开始有缝隙，让人与人之间的关系变得淡漠。因而，我们要学会忘记一些东西，原谅一些人一时之间犯下的错。

五，要学会换位思考。

做到宽容，也需要换位思考。有时候，我们站在自己的角度看问题，可能不够全面，也不会了解对方的心思，所以，换位站在对方的角度看一下，或许你就会了解其心态，便一笑了之了。

六，要善于反躬自省。

为人处世，我们应经常反省自己。遇事不能责怪他人，认为问题都是别人造成的，过错是别人犯的，而要多检查自己的言行，看看自己是否哪些方面做得不足，告诫自己，加以改进和完善。

第八章

人间有味是清欢，心美一切皆是美

　　心情改变，态度跟着改变；态度改变，习惯跟着改变；习惯改变，性格跟着改变；性格改变，人生跟着改变。动气是一种习惯，快乐也是一种习惯。动气是一种选择，快乐也是一种选择。远离愤怒，才能认真、快乐地生活。

　　安禅何必需山水，灭却心头火自凉。生活就是心灵的修炼场，想要改变自己，应当从改变心境做起。

1.快乐是个好态度

从某种意义上说，快乐是一种态度。诚然，积极的心理态度和确定的目标是走向一切成就的起点。播下一个行为，就会收获一个习惯；播下一个习惯，就会收获一种品德；播下一种品德，就会收获一种命运。用积极的心理态度，指挥你的思想，控制你的情绪，掌握你的命运。

人的心理具有神秘的力量，要敢于探索你的心理力量，学会使用适当的暗示去影响别人，学会应用正确的有意识的自我暗示。做到了这两点，你就能在生理、心理和道德上获得健康、幸福、快乐和成功。

有故事云：终南山麓，水丰草美。在这一带出产一种快乐藤，凡是得到这种藤的人一定会喜形于色、笑逐颜开，不知烦恼为何物。曾经有一个人为了得到快乐，不惜跋千山涉万水，去找这种藤。不想他历尽千辛万苦来到终南山麓，虽然得到了这种藤，却仍然不快乐。这天晚上，他在山下一位老人屋中借宿，面对皎洁的月光，不由慨然长叹。他问老人：为什么我已然得到了快乐藤，却仍然不快乐？老人一听乐了：其实，快乐藤并非终南山才有，而是人人心中都有，只要你有快乐的根，无论走到天涯海角，都能够得到快乐。

人生一世，草木一秋，能够快快乐乐、开开心心地过一生，相信这是每个人心中的一个梦。人心浩瀚，可以容纳许多东西，但如果我们的心灵总是被自私、贪婪、卑鄙、懒惰所笼罩，不论我们富甲天下或是位极至尊，也不可能求得快乐。但如果我们的心灵能不断得到坚韧、顽强、刻苦、纯朴之泉的灌溉，不论我们一贫如洗或是位卑如蚁，也可以求得快乐。

在短短的人生之旅中，人人都有所求。有的人求子孙满堂，即得满足；有的人求福如东海，深感幸福；有的人求无上智慧，最是得意；有的人求万事如意，甚为欢喜。如果就表面看来，他们所求各不相同，但万涓细流汇聚成海，归根结蒂，他们所求的仍然是快乐。

心灵最柔弱也最细腻。如果你不懂得呵护自己的心灵，你就不可能求得快乐；而一旦你的心灵得到关爱，你就可获得无上快乐。说到底：内心的快乐才是永远。

世界上有一种情绪，它并不因为人们财富的多寡、地位的高低而增减，全部的奥秘只在内心，那就是快乐。有一种人生最宝贵的无形财富，它简单易得却又千里难求，任谁也无法将它夺走，那就是快乐。

2.栽种快乐的心灵之花

"文革"期间，著名作家沈从文被下放到多雨的泥泞的湖北咸宁劳动改造，饱受痛楚。可沈从文毫不在意，在咸宁给他的表侄、画家黄永玉写信说：

"这儿荷花真好，你若来……"

就这样一句普普通通的"荷花真好"，竟使那段苦难的日了飘荡着荷花的芬芳，令人以为多雨泥泞的咸宁是王孙可游的人间仙境呢！

唐代著名的慧宗禅师常弘法师讲经而云游各地。有一回，他临行前吩咐弟子看护好寺院的数十盆兰花。

弟子们深知禅师酷爱兰花，因此侍弄兰花非常殷勤。但一天深夜，狂风大作，暴雨如注。偏偏当晚弟子们一时疏忽，将兰花遗忘在了户外。第二天清晨，弟子们后悔不迭，眼前是倾倒的花架、破碎的花盆，株株兰花憔悴不堪，狼藉遍地。

几天后，悲宗禅师返回寺院。众弟子忐忑不安地上前迎候，准备领受责罚。得知原委后，悲宗禅师泰然自若，神态依然是那样平静安详。他宽慰弟子们说：

"当初，我不是为了动气而种兰花的。"

就是这么一句平淡无奇的话，在场的弟子们听后，在肃然起敬之余，更是如醍醐灌顶，顿时大彻大悟……

"我不是为了动气而种兰花的"，看似平淡的偈语里暗示了多少佛门玄机，又蕴含了多少人生智慧啊！现实生活中，无限制增长的欲望、不满足现状的心态，还有那诸多数不清的烦恼与磨难，常常使人患得患失。因此，很多人抱怨命运，抱怨时运不济，抱怨人生多"苦"。

常言道：人生在世，不如意事常十之八九。其实，只要你严肃冷静地分析人生，痛苦与欢乐几乎是与生俱来的。造物主让你来到人世中，享受世界的无限欢乐，但同时也要给你困苦、不幸的负重。人生就是一次爬山的旅行，辛苦是自然的，摔跤有时也难免，磨难就是这次旅行的代价。既然你能够愉快地享受人生，为什么不能快乐地接受生活赐予的苦难呢？况且，苦难已降临，动气烦恼又有何用？

栽种一株快乐的花朵于心田。无论生活面临怎样的境地，人生遭逢怎样的磨难，请把快乐的花朵开放在心灵的原野上，让灵魂的舞姿如花之绰约，满载着花的芬芳。

无论生命有多少凄苦，人生有多艰难，栽种一株快乐的心灵之花于心田，让绚丽的花朵昂然地绽放在生命的枝头。从此，你便拥有了兰心蕙质，你的心境也定会盈满幸福！

3.遗忘是一种可贵的养生方法

人不但要学会记忆，而且要学会遗忘。一个人如果把什么都记得很清楚，大脑里充满了各种各样的记忆，那实在是很让人烦恼动气的事，而且有害于身心健康。

在现实生活中，我们常会看到这样的现象：有些人脑子特别好使，把什么鸡毛蒜皮、恩恩怨怨的事都记得一清二楚，对什么事都斤斤计较，耿耿于怀，气闷于心，结果不但事业无成，还成了个病秧子；而另一些人则该记的记，该忘的忘，精力充沛，胸怀坦荡，事业有成，身心健康。由此可见，遗忘不仅是一种风度，而且是一种重要的养生方法。

遗忘，对痛苦是解脱，对疲惫是宽慰，对自我是一种升华。

在人生的旅途中，如果把成败得失、功名利禄、恩恩怨怨、是是非非都牢记心中，让那些伤心事、烦恼事、无聊事永远萦绕于脑际，在心中烙下永不褪色的印记，那就等于背上了沉重的包袱、无形的枷锁，就会活得很苦很累，以至精神萎靡，心力憔悴。如果我们善于遗忘，把不该记忆的东西统统忘掉，那就会给我们带来心境的愉快和精神的轻松。

遗忘是一种能力，一种品质，不是随便下个决心就能办到的。要学会遗忘，就要加强思想品德修养和心理素质的培养。

要胸怀天下，心想大事，破除私心杂念，克服个人主义，淡泊名利，宁静致远，树立正确的人生观和价值观。

要经常进行自我心理调节，想大一点、想远一点、想开一点，从名利得失、个人恩怨中解脱出来，对已经过去的无关紧要的事物要糊涂一点、淡化一点、宽容一点、朦胧一点，及时将这些东西从大脑这个仓库中"清除"出去，不让它们在记忆中占有一席之地。

一个人一旦学会了遗忘就能放下过去那日益沉重的包袱，轻装上阵，精力充沛地面对现在，信心百倍地去迎接未来，就能开拓新境界，创造生命的亮丽风景线。

请学会遗忘吧，记恩不记仇，忘愁不忘喜。有所记忆，有所遗忘，会让人生更轻松，心情更开朗。

4.学会换个角度看世界

　　小李从小生活在一个环境很好的家庭，备受父母宠爱。后来考上了大学，读了一个自己喜欢的专业。毕业后他也没费什么周折，进了一家大型企业。那年，他才20岁，还是一个毛头小伙子。

　　他满怀希望和信心地走上了工作岗位。然而，接下来的一切却让他始料未及：单位的人际关系非常复杂，而他却是那么单纯，甚至有些天真，他说话做事都率性而为，不懂得收敛。渐渐地，他听到了一些议论，说他年轻气盛，做事毛糙，等等。从小就养尊处优惯了的他，那一段日子很是沮丧。

　　他回家把在单位遇到的种种不愉快说给父亲听。他的父亲给他讲了一个故事：有一个人在一次车祸中不幸失去了双腿，那个人的朋友和亲戚都来慰问，表示了极大的同情。而他却回答道："这事的确很糟糕。但是，我却保存下了性命，并且我可以通过这件事认识到，原来活着是一件多么美好的事情——而以前我却从未这样清醒地认识过。现在，你们看，我不是一样顺畅地呼吸，一样欣赏天边的云朵和路边的野花？我失去的只是双腿，但却得到了比以前更加珍贵的生命。"

　　父亲说："这个遭遇车祸的人是个智者，他知道失去了双腿是一件已经发生的事实，哪怕再痛苦也改变不了。所以，他换了一个角度，同样一件事情，他能够找到积极的那一面。而你，"他的父亲顿了顿，接着说，"和同事之间相处得不愉快，作为一个刚刚走上社会的新人来说也是正常的。单位毕竟不是家庭，会有各种各样的矛盾。

你应该换个角度，把这种不愉快看作是对自己的砥砺，通过这种磨炼使自己尽快成熟起来。从这个角度看，你现在所面临的境况，恰恰是你成长过程中的一笔财富。"

父亲的一番话让他豁然开朗。回到单位之后，每当再遇到不顺心的事情，他就想，换个角度，这是一件好事情，它至少说明我有不足甚至不对的地方，我得改正自己。如果确实不是他自己的问题，他也不再像以前那样气恼，而是想，换个角度，说明别人对我的要求比较高，我得加把劲儿。同样的一件事情，过去给他带来的是烦恼、苦闷，而现在带给他的则是积极向上的动力。

世上万物，生命最为宝贵，人生的乐趣在于奋斗和创造，在于不断克服困难前进，它使人产生成就感和荣誉感，使人充分享受战胜宇宙的自豪，以及不断超越自我、挑战自我的进取心。金钱、地位、荣耀和物质享受虽然能满足一时的心理和口腹享受，却填补不了心灵的空虚和思想的苍白。

所以，在得与失上要时时刻刻保持清醒的头脑和明智的选择，只有这样，才可以"知足不辱，知止不殆"，你的生命、名声、利益才可以更加长久。

我们可以这样想想：

吃了亏的人说：吃亏是福。

丢了东西的人说：折财免灾。

逃过一劫的人说：大难不死，必有后福。

受人欺负的人说：不是不报，时候未到。

卸任的官员说：无官一身轻。

生不逢时的人常常用阿Q的话说：先前比你阔多了。

没钱人的太太说：男人有钱就变坏。

惧内的丈夫说：有人管着好呀，啥事都不用操心。

夫不下厨，妻跟人说：整天围着锅台转的男人没出息。

住在顶楼的说：顶楼好啊，上下楼锻炼身体，空气新鲜，还不受人骚扰。

住在一楼的人说：一楼好啊，出入方便，省得爬楼梯，怪累的。

被老板炒了鱿鱼，他对人说：我把老板炒了。

倘若你的心境因凡尘变得支离破碎，请别消极，请尝试站在新的角度，以一颗积极、健全的心去对待生活中的点点滴滴。也只有这样，我们才能轻松、愉悦地走过人生的风风雨雨！

有时失去意味着新收获的来临。当你面对生活中的不如意时，不要放弃，不要以为迎接自己的就是失去，要拿出自己的平常心，换个角度，就跨越了得与失的界限。

5.向"完美主义"说再见

谢尔·西尔弗斯坦在《丢失的那块儿》里讲过这样一个故事：

一个圆环被切掉了一块，圆环想使自己重新完整起来，于是就到处去寻找丢失的那块儿。可是由于它不完整，因此滚得很慢，它欣赏路边的花儿，它与虫儿聊天，它享受阳光。它发现了许多不同的小块儿，可没有一块适合它。于是它继续寻找着。

终于有一天，圆环找到了非常适合的小块，它高兴极了，将那小块装上，然后就滚了起来，它终于成为完美的圆环了。它能够滚得很快，以致无暇欣赏花儿或和虫儿聊天。当它发现飞快地滚动使得它的世界再也不像以前那样美好时，它停住了，把那一小块又放回到路边，缓慢地向前滚去。

人生确有许多不完美之处，每个人都会有或这或那的缺陷。其实，没有缺憾我们便无法去衡量完美。仔细想想，缺憾不也是一种完美吗？

人生就是充满缺陷的旅程。从哲学的意义上讲，人类永远不满足自己的思维、自己的生存环境、自己的生活水准。这就决定了人类不断创造、追求。从简单的发明到航天飞机，从简单的词汇到庞大的思想体系。没有缺陷，产品便不会一代代更新。没有缺陷就意味着圆满，绝对的圆满便意味着没有希望，没有追求，便意味着停滞。人生圆满，人生便停止了追求的脚步。

生活也不可能完美无缺，也正因为有了残缺，我们才有梦，有希望。当我们为梦想和希望而付出努力时，我们就已经拥有了一个完整的自我。生活不是一场必须拿满分的考试，生活更像一个足球赛季，最好的队也可能会输掉其中的几场比赛，而最差的队也有自己闪亮的时刻。我们的所有努力就是为了赢得更多的比赛。当我们能继续在比赛中前进并珍惜每场比赛时，我们就赢得了自己的完整。

世间的一切从某种意义上说是呈现在不完美、不完整与不精确的状态中的，而人们的头脑却要求一切是完美的、完整的、精确的，显然，头脑是在对抗这既存的事实。一切都是不完美、不完整和不精确的，我们又何必违逆自然，让心变得不安宁？很多的烦恼就是因为放不开完美、完整与精确的心理需求。追求完美使人变得没有弹性，变得不随和，变得不快乐。

十全十美在现实中是很难找到的，这种完美之事只存在于人的想象当中。美好的人生并不是完美无缺的，而恰恰是因为有缺憾才会有追求，去拼搏才会使自己的生命分外精彩。

6.生活是不公平的，适应并接受它

有一天上帝听到人们都在抱怨：这个世界太不公平。上帝决定制造一种绝对公正的东西。上帝首先选择了善良。"人之初，性本善"，谁知道后来人们都开始欺负善良的人，利用善良的人，不珍惜善良，而且越来越多的人开始不喜欢善良，甚至怨恨和冤枉善良的人。上帝觉得不公平，于是放弃了善良。接着，上帝选择了诚实。上帝相信人们一定都喜欢和善待诚实，因为上帝相信任何人都不喜欢生活在虚假的世界里。可是，这次上帝又错了。人们开始欺骗诚实的人，陷害诚实的人。恶人和善人都在抱怨诚实。上帝又选择了健康、笑容、幸福、快乐……直到最后上帝迷惑了。上帝不知道还能不能找到一种绝对公正的东西来停止人们的抱怨。上帝自问：是我太没有能力了，还是人们太贪婪了？

这时，有一种无形的东西走了过去，转瞬即逝，上帝还没有回过神来，已经消失得无影无踪，上帝决定追上去。可是，任凭上帝怎么努力，这种东西都能无孔不入，无处不在，我行我素，从来不听从于任何摆布，能抓在手里的总没有失去的多，能感觉到的总没有逝去的多。这时，上帝笑了：这不就是我一直在找的东西吗？一个连我都无能为力的东西，一个连我都敬畏的东西，人们怎么可能不抱怨呢！

上帝说的是时间。在转瞬即逝的时间中穿行，人们想要的绝对的公正太渺茫了，或者说一味地追求绝对的公正，得到的只能是抱怨与过着不幸福的生活。

《博弈圣经》上说：公正是不自愿和高兴之间的均赢。从这句经典的博弈言论中我们了解到，公正无绝对。这是个赢家通吃的社会，在无处不在的偏见面前，善用无绝对的公正论，赢家就是你。博弈，说白了就是赌博，但又不能与赌博相等。有人认为博弈是阳光下的赌博，而赌博是隐蔽下的博弈，二者的区别就是一个实体法则在飞秒瞬间界定的。在现实的生活赌博赛中，要想成为赢家，过得快乐，就要懂得：不要希求绝对的公平与公正，要勇于接受不公平现实，调整自我心态，在不公平的世界活出最好的自己。

7.打开心窗，心情敞亮

一栋房子如果没有窗户，温暖的太阳就无法照进来，新鲜的空气也不能飘进来。

人也是一样，"心窗"没有打开的时候就会感到气闷；"心窗"打开了，心才能够通达，心灵的视觉才更清晰。

一旦窗户打开了，心灵的空间也就豁然开朗，对于一些事情也能看得更透彻了，如此再来了解"空"的道理，就能消化"有"的烦恼。

如果看得到内心空间的好处，就要赶紧腾出空来……

有一位太太，他的先生是知名的企业家，对她百依百顺，以世俗人眼光看起来，她是很享福，物质生活是富裕的，可以说是幸福中的幸福人。但她仍觉得很苦，看到一个朋友时，却哭得很伤心，朋友问她："你有什么不满意呢？"

她说："你不知道啊！他对我感情不专，使我痛苦、不满。"

朋友劝她说："到底你要追求多少感情才满意呢？不要太强求，感情如同一个球，愈硬碰，它跳得愈高愈远。"

她问："那要如何解决呢？"

朋友回答道："放宽尺度，你爱的范围太狭窄了，犹如把感情当成一条绳子，缚（管）得他对你产生敬而远之的心理，才使你那么痛苦。你应该以柔和的感情来宽容他的一切，不要以占有欲、威力来加在感情上面，否则先生表面又顺又爱，但内心却又烦又畏，也就难怪他会对你有欺骗的行为。你若能把爱扩大到去爱他所爱的人，他一定会感谢你，同时也更珍惜这份感情中的恩情，因为你所给予他的爱是那么的自在。人的感情就像是熔炉，只要你多给他宽大的爱，满足他的感情，再冷再硬的心也会被它融化……"

这位为情所苦的太太，后来果真做到去爱他所爱的那些人。

生活中常见到一些人的心情有如春、夏的气候，大起大落，变化无常。比如在公园玩得很开心，可回家后又觉生活单调枯燥而心烦，唉声叹气；与朋友团聚时热闹欢快，独自一人时又为孤寂而愁眉苦脸；时欢时苦，飘忽不定，着实叫人不可捉摸，不仅使人感到难于相处，也令自己异常难受。

如果让不良心情占了上风，我们就会失去理智，因为心情是很容易曲解事实，让我们无法看清现实的，让我们思想会变得混乱，缺乏理智，容易作出愚蠢的决定。因此，我们要学会为心情开一扇心门，把坏心情赶走，不要让它们影响我们的生活。

古人曾说："不如人意常八九，如人之意一二分。"即使是历史上的帝王将相，生活中的富豪、名人等，各人都有各自的烦恼和忧伤。

一位英国哲学家说："生命的潮汐因快乐而升，因痛苦而降。"

打开你的心窗，你就能摆脱不良心境的影响，让自己的生活变得快乐、幸福。

8.气郁于心疾病生，不如宣泄心舒畅

童年时，我们有时生了气，却常常听到大人说："别拿出那副怪模样，给谁看呢！"在我们动气或者不高兴的时候，都要把气憋在心里，不能表现出来，这种从小到大的教育给我们灌输了一种观念：一个真正的好人不应有愤怒的想法，即使有也不应该表现出来。

然而，怒气是不可以长期积压在心头的。弗洛伊德发现，在心理治疗过程中，凡是病人能够得到较好的精神疏泄时，病情都会有明显的好转。所以，他认为只有把这些积郁的东西"净化"后，才会收到较好的疗效。

我们应该承认，人受了委屈或者憋了一肚子气时，常常需要"释放"怒气，正如火山需要喷发。因此，"宣泄"并不奇怪，乃是宣泄者企图谋取心理平衡的一种客观需要。

在现实生活中，我们也会看到有些心胸开阔、性情爽朗的人，他们心直口快把自己的不愉快情绪或心中的烦闷诉说出来，这种人的心理矛盾能获得及时解决。可是，我们也常看到心胸狭窄的人爱动气，心中闷闷不乐，由于心理冲突长期得不到解决而发生心理疾病。

公开发泄内心的愤怒，表明我们可以面对情绪上的危机。只有在愤怒感公开化之后，心情才能变得轻松愉快。

宣泄是为了使心理的重压得到释放，不良的情绪能量通过一定渠道释放掉，心理压力自然恢复平衡。摔打一些无关紧要的物品能够有效地宣泄，对天空大喊也可以缓解一下自己的冲动。如果你愿意，可以跑到楼下，再爬上楼，每步登两个台阶，跑步上楼更好。在日常生活或工作中，经常会产生一些矛盾或意见，这很容易使人发怒。如果我们把心中的不满或意见坦率地讲出来，既可泄怒，又可以通过批评与自我批评增强同事间的团结，或者讲给自己信得过的朋友听，你将会得到安慰，这种释放的方法也是很可取的。

一个懂得如何发脾气、正确发泄自己不满的人是心理成熟、健康的人。喜怒哀乐本是人之常情，没有理由强迫自己控制情绪而忽视甚至是否定自己的感受。许多心理专家鼓励人们自然宣泄情绪，有气就发出来，不要闷在心里。但随便乱发脾气是损人不利己的行为，所以，每个人最好了解自己的情绪，寻找适当的宣泄方式。

让清凉的春风把苦恼吹跑，让夏日的流水把苦闷冲走，让优美的歌声给你一片宁静，让书中的乐趣送你份安定，如此赶走"苦闷"，不也是一种人生的境界与智慧吗？

9.忙碌中的释放

现代人兴忙，满世界就听到一个"忙"字。大人们忙赚钱，小孩儿也同样身不得闲，就连离退休的爷爷奶奶辈也忙于发挥余热，或养身保健或吟诗作画。总之是祖国上下一片忙。

"革命尚未成功，同志仍需努力"，社会要发展，人类要进步，忙是自然要忙的。然而这绝不是人生的全部。人生不仅需要工作，也需要休息，不仅需要忙碌，也需要休闲。我们不能无休止地忙，人生如果没有休闲，就像一幅国画挤满了山水而不留一点空隙，缺乏美感。人生没有悠闲，就不能领悟、体味、享受人生。所以忙碌中要学会偷闲。

泰戈尔在《飞鸟集》中写道："休息之隶属于工作，正如眼睑之隶属于眼睛。"不会休息的人就不会工作，只有休息好了，才能更好地工作，才会有更好的生活。如果一味地、盲目地去忙，连革命的本钱都搞垮了，那人生也就没有忙的意义了。我们崇拜陈景润，但我们不赞成他那种不顾一切，废寝忘食，以致英年早逝的生存哲学。

人生就像登山，不是为了登山而登山，而应着重于攀登中的观赏、感受与互动，如果忽略了沿途风光，也就体会不到其中的乐趣。人们最美的理想、最大的希望便是过上幸福生活，而幸福生活是一个过程，不是忙碌一生后才能到达的一个顶点。

古人云："一张一弛，乃文武之道。"人生也应该有张有弛，也应该忙中有闲。人生就像条弦，太松了，弹不出优美的乐曲；太紧了，容易断，只有松紧合适，才能奏出舒缓优雅的乐章。

俗话说："磨刀不误砍柴工。"悠闲与工作并不矛盾。处理好二者的关系，最重要的是能拿得起、放得下。工作时就全身心投入，高效运转。放松时就放松，把工作完全放在一边，不要总是牵肠挂肚。去钓鱼、去登山、去观海，想干啥就干啥。

其次就是工作休闲应该搭配得当，不能忙时累个半死，闲时又闲得让人受不了。可以隔三差五地安排一个小节目，比如雨中散步、周末郊游、鸳鸯共浴等。适时地忙里偷闲，可以让人适时从烦躁、疲惫中及时摆脱，为了更好地工作而积蓄精力。

总之，为了更好地工作，为了美好的生活，我们一定要学会忙里偷闲，有时休息比工作更有效。

踏上人生的漫漫旅程之后，我们要努力从忙碌中释放自己、善待自己，年轻的岁月很容易流失，而未来的道路却依然漫长，只要我们适时休息一下，我们以后的人生一定会更精彩无比！

10.享受独处的宁静

独处有助于减轻快节奏生活造成的压力，带给你安详平和的心境。如果你每天的神经都绷得紧紧的，得不到一丝喘息的机会，那你真该好好计划一下，找一段时间什么也不做，让自己彻底放松一下。

你肯定想不到，一位事业有成的企业家，当他达到事业的巅峰时突然觉得人生无趣，特地来到修院向大师请教。

大师告诉毫无兴趣和信心的企业家："鱼无法在陆地上生存，你也无法在世界的束缚中生活；正如鱼儿必须回到大海，你也必须回归安息。"

企业家无奈地回答："难道我必须放弃一切的事业，进入山里修炼？"

大师说："不！你可以继续你的事业，但同时也要回到你的心灵深处。当回到内心世界时，你会在那里找到企求已久的平安。除了追求生活的目标外，生命的意义更值得追寻。"

我们总是处于人群之中，在喧闹的人群里你听不见自己的脚步声。远离生活，能让我们重新认识到自我存在。当然，对于有工作又有家庭的人来说，寻找独处的机会很不容易。你可以和家人、朋友进行交流，向他们说明情况，征求他们的意见。那些关心你的人，一定会给予你想象不到的谅解和支持。从沉重的生活压力中解脱出来，你能心境平和地处理工作，对待家人、朋友，这将增进你们之间的感情。放下，什么事情也不干，可不像听上去那么简单。张丽说："几年前，我还没有开始简化生活，那时候，我每天都忙个不停，不是工作开会就是被人约出去，参加一些莫名其妙的活动，每天的日程都排得满满的。就算能稍为空闲一点，放松一下，我的脑子还是充满了各种各样的念头，下一个预约的时间，将要涉及的内容，怎么准备晚上的约会。生活一片混乱。"

什么事情也不做，可以从每天抽出1小时开始，一个人静静地呆着，什么也不做。当然前提是你要找一个清静的地方，否则如果是有熟人经过，你们一定会像往常那样漫无边际地聊起来。也许刚开始的时候，你会觉得心慌意乱，因为还有那么多事情等着你去干，你会想如果是工作的话，早就把明天的计划拟定好了，这样干坐着，分明就是在浪费时间。可是，如果你把这些念头从大脑中赶走，坚持下去，渐渐你就会发现整个人都轻松多了，这一个小时的清闲让你感觉很舒服，干起活来也不再像以前那样手忙脚乱，你可以很从容地去处理各种事务，不再有逼迫感。你可以逐渐延长空闲的时间，3小时、半天甚至一天。

抛开一切事情，什么也不干，一旦养成了习惯，你的生活将得到很大改善，把你从混乱无章的感觉中解救出来，让头脑得到彻底净化。

独处有助于减轻快节奏生活造成的压力，带给你安详平和的心境。如果你发现自己总是被家人、朋友围绕着，耳边充斥着噪音，人声喧哗，忍受着繁忙工作，家庭琐事的无穷折磨，每天的神经都绷得紧紧的，得不到一丝喘息的机会，那你真该好好计划一下，找一段时间什么也不做，让自己彻底放松一下。

11.拓展兴趣，不再郁郁寡欢

　　兴趣爱好不但可以消除气恼，愉悦身心，放松心情，而且还有延年益寿之功。有人做过这样的研究，他们试图找到长寿老人的共同特点。他们研究了食物、运动、观念等多方面因素对健康的影响，结果令人惊讶。长寿老人们在饮食和运动方面几乎没有完全共同的特点，但有一点却是共同的，即他们都有自己的小爱好，并且把这作为自己的人生目标而为之奋斗。这是他们的精神寄托。

　　兴趣不仅是事业成功的助推剂，也可以让人感到工作的快乐，减轻疲惫感。美国前总统富兰克林·罗斯福即使在战争最艰苦的年代里，仍然坚持每天抽出一点时间来从事自己的小爱好——集邮。

　　"压力之父"塞叶博士曾经说，尽管他每天从早晨5点工作到深夜，但他认为自己这辈子从未做过一件工作，自己整天都在"游玩"。因为对他而言，从事自己喜欢的研究就是游戏。

　　美国内华达州的一所中学曾经在入学考试时出过这样一道题目：比尔·盖茨的办公桌上有5只带锁的抽屉，里面分别装着财富、兴趣、幸福、荣誉、成功。比尔·盖茨总是只带一把钥匙，而把其他的4把锁在抽屉里。请问他每次只带哪一把钥匙？其他的4把锁在哪一只或哪几只抽屉里面？有一位聪明的同学在美国麦迪逊中学的网页上面看到了比尔·盖茨给该校的回信，信上写着这样一句话："在你最感兴趣的事物上，隐藏着你人生的秘密。"无疑，这便是问题的正确答案。

　　音乐疗法是治疗心理疾病的一种有效方法，古今中外都有音乐能疗疾之说。音乐可以陶冶情操，人可以从音乐中获得力量。听音乐不仅是一种美的享受，还能调节人的情绪。当心情沮丧、闷闷不乐时，打开音响，听听音乐，不仅能享受到一种美的艺术，而且还可以陶冶情操，激发热情，兴奋大脑，使你从中获得生活的力量和勇气。

赏花是用心灵的窗户进行心理"按摩"的好方法。花草是美的象征，以眼赏花的同时，这种美也通过心灵的窗户被摄进了心灵深处。置身花木之中，以花为伴，与花交友，可使人心舒气爽，忘却心中不快，仿佛你的心中也会开出五彩鲜花来。

为了赏花之便，你不妨在阳台或室内育几株花，视为伙伴。当心烦意乱时，走到阳台上看看花，浇浇水，调整一下情绪；同时还可散步花园之中，观其千姿争艳，赏其万缕馨香，心旷神怡，乐在其中。遇到不如意的事时，摘摘枯黄的花叶，浇浇鲜嫩的绿芽或坐在葡萄架下品尝水果都可有效调整不良情绪。

如果放长假，时间允许，你可以选择去远足，但如果忙里偷闲，那最好选择钓鱼。这既不会让你太过劳累，又能让你消除紧张的精神状态，使你恢复良好的心境。钓鱼时，手握渔竿，独坐在钓鱼台前，不需费尽心思，专等"愿者上钩"即可。这种意境让人心旷神怡，生活中的一切烦恼早已抛到脑后，心情会一下子豁然开朗。所以说，钓鱼可谓是修身养性、防治疾病和增强体质的最佳运动方式。

与自然进行交流，是修养身心的良方。下决心独自一人在山上、海边或宁静的湖畔待上一整天，远离现代文明和舒适的度假地、宾馆和餐馆。你什么也不需要做，只需待在那儿，坐下来，或悠闲地散步，全身心地接受你所看、所嗅、所感和所听到的东西。你会意识到你正在体验宇宙的宁静、智慧和秩序。看看天空，想一想你可能看不到但却知道它们存在的星星和所有其他星球。像它们一样，你在这个广阔的宇宙中有自己的位置。你开始有一种将此处当成家的归属感，你很可能会从中学习很多东西。

　　有时也不需要专门花钱精心策划整个旅游时间。找个周六周日，骑着车子，与几个好友或家人一块到外面走走。沿路有花，有草，那该有多美！一路上，可以唱歌，说说笑话，打打闹闹，将不愉快的事情和压力完全抛在脑后，相信你一定会得到无与伦比的乐趣。

　　做自己喜欢做的事，可以让你忘记周围的一切烦心事，让心情彻底放松，让大脑重新清醒起来。所以，无论你对生活多么不满，一定要有人生目标，要有点爱好，有点精神食粮，因为它能让你找到心灵家园，从而使人生更有意义。

12.别为无谓的小事抓狂

小事其实没什么，是我们自己夸大了它的危害。

很多小忧虑也是如此。我们不喜欢一些小事，结果弄得整个人很沮丧。其实，我们都夸张了那些小事的重要性……

狄士累利说："生命太短促了，不要再只顾小事了。"安德列·摩瑞斯在《本周》杂志中说，"我们常常因一点小事，一些本该不屑一顾的小事，弄得心烦意乱……我们生活在这个世界上只有短短的几十年，而我们浪费了很多不可能再补回来的时间，去为那些一年之内就会忘掉的小事发愁。我们应该把我们的生活只用于值得做的行动和感觉上。去想伟大的思想，去体会真正的感情，去做必须做的事情。因为生命太短促了，不该再顾及那些小事。"

要在忧虑毁了你之前先改掉忧虑的习惯，第一条规则就是——

不要让自己因为一些应该丢开和忘掉的小事烦恼，要记住：生命太短促了。

实际上，要想克服一些小事引起的烦恼，只要把看法和重点转移一下就可以了。这会让你有一个新的、开心点的看法。

作家荷马·克罗伊讲了一个他自己的故事。过去他在写作的时候，常常被纽约公寓热水灯的响声吵得快要发疯了。"后来，有一次我和几个朋友出去露营，当我听到木柴烧得很旺时的响声，我突然想到：这些声音和热水灯的响声一样，为什么我会喜欢这个声音而讨厌那个声音呢？回来后我告诫自己：火堆里木头的爆裂声很好听，热水灯的声音也差不多。我完全可以蒙头大睡，不去理会这些噪音。结果，头几天我还注意它的声音，可不久我就完全忘记了它。

美国研究应激反应的专家理查德·卡尔森说："我们的紧张有80%是自己造成的。"他还经常在讨论会上教人们如何不动气。他还就此写了一本书《别为小事抓狂》。卡尔森把防止激动的方法归结为这样的话："请冷静下来！要承认生活是不公平的。任何人都不是完美的，任何事情都不会按计划进行。"

理查德·卡尔森的一条黄金规则是：不要让小事情牵着鼻子走。他说："要冷静，要理解别人。"他的建议是：

（1）表现出感激之情，别人会感到高兴，你的自我感觉会更好；每天至少对一个人说，你为什么赏识他。不要试图认为人都应该是完美的，因为，只要找，总是能找到缺点的，这样找缺点，不仅会使您，也会使别人动气；

（2）不要顽固地坚持自己的权利，这会没有必要地花费许多精力。不要老是纠正别人；

（3）常给陌生人一个微笑。不要打断别人的讲话；不要让别人为您的不顺利负责。要接受事情不成功的事实，这样您会发现，每一天都会突然变得轻松得多。

练习心平静：快乐生活小窍门

　　一般字典上对快乐下的定义多半是：觉得满足与幸福。德国哲学家康德则认为："快乐是我们的需求得到了满足。"的确，快乐是一种来自内心的感受。但快乐的生活也是有章可循，有捷径可走的。

　　下面是消灭怒火、摆脱烦恼、快乐生活的一些具体的小窍门，大家可以从中有所借鉴。

　　1.收集快乐记忆

　　快乐是一种爱自己的表现，为自己收集、储存快乐的感受，记下今天发生的五件乐事，当需要打气时，读一读在笔记本里的乐事清单，重温所有的快乐感受。

　　2.和朋友说说贴心话

　　人人喜欢贴心话，也需要贴心话，一句得体的贴心话像久旱甘霖，能适时抚慰受伤的心灵，也能鼓舞人心。

　　3.刻意做一些无聊的事

　　如果你会走路，你就会跳舞；如果你会说话，你就会唱歌。生活中充满了无聊的琐事，只要用欢欣的心情来面对，即使是最平常的事也会有新面貌。

　　4.跟家人相聚在一起

　　关心近在咫尺的亲人，珍惜彼此的感情，爱惜成长的家园，跟家人玩寻根游戏，画画家庭关系图，影印父母及儿时的照片，用简单的文字叙述，让家庭关系更紧密。创造家人共同的记忆，用不同的声音、影像、气味来纪念共同相处的节日。

5.为自己做一件事

找任何理由给生活添加快乐的音符，给自己惊奇，好好拥抱自己。有创意就有快乐，列出可以为自己做的事情，比如：选一项有趣的活动，一有空就去做；每天给自己一件礼物（泡澡、听一张喜欢的CD）；或是原谅自己的过错。

6.心灵的留白

每天腾出1小时思考你的生活，可以让人生更简单、更美好，重要的事自然而然会浮现。

7.让每天都有点独特

每天同样的工作可能会让人比较困顿。处处尝新，随着心情改变口红、香水、发型，或是改变平时的服饰，穿上完全不同的服装，让每一天都独特且有创意。

8.美的飨宴

选择简单大方的镜框，将复制画、海报、全家福、毕业照、自己的作品、小孩涂鸦，拿来布景居家环境，增添温馨气氛。

9.1分钟的春天

放松心情，用1分钟去感受生命中微小短暂却美好的事物。比如花的芬芳，干净清凉的一潭水，日出或日落，树林的芬芳，温暖的阳光，凉爽的和风，一道彩虹，或者花点时间来闻玫瑰香。给自己1分钟假期短暂小憩。

10.为自己记功

列出所有自己觉得骄傲的特质，所有你觉得做得好或乐于去做的事，来为自己打气。把自己的优点及做过的了不起的事写在卡片上，当你觉得需要为自己打气时，把卡片拿出来。

11.到赏心悦目的店面走走

如艺廊、精致珠宝店、古董店、高级精品店，或是参观展览或逛跳蚤市场、博物馆，逛街赏心悦目、增长见识，一举数得。

12.体验平静

人在掌声、激情、紧张、喧嚣之后，是需要放松的。洗泡沫浴、在床上看一本好书、用耳机欣赏最喜欢的音乐，这些能带你逃离紧张，是带你体验平静的锦囊妙计。

13.希望银行

为自己列1张愿望表，列出10件可行、想做、会让自己快乐的事情。再为自己列1张梦想表，写出10项不实际却好玩或快乐的事情，把这两张表存在自己的希望银行里，然后真正地去实践。

14.做一个未来梦

在清晨及深夜想象自己的未来，每个人今天都比明天年轻，所以既然是年轻人，就要有年轻人的作为，把每天都当作崭新的一天。

15."创意盒子"

利用家庭或团体聚会，为菜单、休假方式进行脑力激荡。每月月初，花20分钟把每星期至少要做的活动安排好，买一些自己喜爱的活动入场券，承诺自己一定要出席。

16.列"喜欢清单"

每一件喜欢的事都让人心情舒畅、欢快，但是人总是注意自己所缺乏的，总是忘记自己曾拥有的、曾享受的。列出喜欢的事物，可以帮助自己看清周遭，使我们用感恩、微笑面对所遇到的一切。

第九章

让将来的你，感谢现在争气的自己

抱怨没有任何意义，斗气说明自己无能。化怨气为才气，化斗气为志气，积极行动，发奋进取，你将会发现一个不一样的自己，收获一个不一样的明天。

与其抱怨，不如改变；与其斗气，不如争气。咽下怨气，才能争气；唯有争气，才能改变。提升自我，超越平庸，赢取人生要争气。不动气，不斗气，迎接人生好运气。让将来的你，感谢现在争气的自己！

1.咽下怨气，才能争气

阿光今年刚从大学毕业，他学的是英文，自认为无论听、说、读、写，对他来说都只是雕虫小技。由于他对自己的英文能力相当自信，因此寄了很多英文履历到一些外商公司去应聘，他认为英文人才是就业市场中的绩优股，肯定人人抢着要。

一个礼拜接着一个礼拜过去了，阿光投递出去的应征信函却杳无音讯，犹如石沉大海一般。阿光的心情开始忐忑不安，此时，他收到了其中一家公司的来信，信里刻薄地提到："我们公司并不缺人，就算职位有缺，也不会雇用你，虽然你认为自己的英文程度不错，但是从你写的履历看来，你的英文写作能力很差，大概只有高中生的程度，连一些常用的文法也错误百出。"

阿光看了这封信后，气得火冒三丈，好歹也是个大学毕业生，怎么可以任人将自己批评得一文不值。阿光越想越气，于是提起笔来，打算写一封回信，把对方痛骂一番，以消除自己的怨气。

然而，当阿光下笔之际，却忽然想到，别人不可能无缘无故写信批评他，也许自己真的太过自以为是，犯了一些自己没有察觉的错误。

因此，阿光的怒气渐渐平息，自我反省了一番，并且写了一张感谢信给这家公司，谢谢他们指出了自己的不足之处，用字遣词诚恳真挚，把自己的感激之情表露无遗。

几天后，阿光再次收到这家公司寄来的信函，他被这家公司录取了！

人往往只看得见别人的过错，看不见自己的缺失，面对别人的指责，也常不加自省，却心生抱怨，大发牢骚。

一个人一旦被抱怨束缚，不尽心尽力，应付工作，那么在任何单位里都将自毁前程。中软国际副总裁林惠春先生说："抱怨是失败的一个借口，是逃避责任的理由。这样的人没有胸怀，很难担当大任。"

抱怨和嘲弄是慵懒、懦弱无能的最好诠释，它像幽灵一样到处游荡扰得人心不安。如果你想有所作为，如果你想让自己变得优秀，不妨在遇到不公或是心情郁闷想要发泄时多问一下自己："我抱怨什么？有什么值得我去抱怨的"，然后平静地将答案告诉自己。

一些人遇到困难的时候，总觉得如陷深渊而不能自拔，只有通过抱怨来平衡心态。然而，抱怨是没有任何意义的，只有艰苦努力才能够改善环境。那些总是在抱怨的人，终其一生恐怕也无法培养出真正的勇气和坚毅的性格，因此也就无法获得成功。

没有人愿意与抱怨不已的人为伍，大多数人更倾向于与那些乐于助人、亲切友善并值得信赖的人在一起。在工作中也是如此，很少有人因为脾气坏以及抱怨等消极情绪而获得提拔和奖励。

在现实生活中，确实有些人承受了巨大压力，或者是来自各方面很不公平的对待，但这些都不能成为不停抱怨的理由。从另外一个角度看，如果我们用一种宽广豁达的心态来接受它，把它当成是对成功者的一种考验，我们将收获到更多。

抱怨没有任何意义，最多只是一时的发泄，什么也得不到，甚至还会失去更多东西。咽下怨气，才能争气。唯有争气，才能改变。从现在起，放下抱怨，化抱怨为积极行动的动力，发奋进取，你将发现一个不一样的自己，收获一个不一样的明天。

2.化愤怒为动力

在现实生活中，我们总会遭遇到挫折和失败，情绪的平衡因此也会受到破坏，假如把什么都闷在心里，久而久之难免会得忧郁症。其实，合理宣泄能疏导我们心中的怨气，化愤怒为动力，能让我们尽快地走出阴影，轻松愉快地过好每一天。

汽车大王亨利·福特曾提到，自己之所以能有如此成就，是缘于在一家餐厅发生的一件小事。

当亨利·福特还是一个修车工人的时候，有一次他刚领了薪水，就兴致勃勃地到一家他一直十分向往的高级餐厅吃饭。却不料，年轻的亨利·福特在餐厅里呆坐了差不多15分钟，居然没有一个服务生过来招呼他。

亨利·福特心里很不愉快。

最后，还是餐厅中的一个服务生看到亨利·福特独自一人坐了那么久，才勉强走到桌边，问他是不是要点菜。亨利·福特点头说是，只见服务生不耐烦地将菜单粗鲁地丢到他的桌上。亨利·福特刚打开菜单，看了几行，服务生用轻蔑的语气说道："菜单不用看得太详细，你只适合看右边的部分（意指价格），左边的部分（意指菜色）你就不必费神去看了！"

亨利·福特很疑惑地抬起头来，目光正好迎接到服务生满是不屑的表情，这一下亨利·福特更加动气。恼怒之余，亨利·福特不由自主地便想点最贵的大餐。但转念之间，又想起口袋中那点可怜微薄的薪水，不得已，咬了咬牙，只点了一个汉堡。

服务生从鼻孔中"哼"了一声，傲慢地收回亨利·福特手中的菜单。口中虽然没有再说话，但脸上的表情却很清楚地让亨利·福特明白："我就知道，你这穷小子，也只不过吃得起汉堡罢了！"

吃完了汉堡之后，亨利·福特的气并没有消，他很恨这个服务员的市侩。

不过，在喝了几口水之后，亨利·福特反倒冷静下来，仔细思考，为什么自己总是只能点自己吃得起的食物，而不能点自己真正想吃的大餐？

亨利·福特当下立志，要成为社会中顶尖的人物。从此之后，他开始朝梦想前进，由一个平凡的修车工人逐步成为叱咤风云的汽车大王。

生活中总有烦恼，每天的繁忙周而复始，没有人能够逃避挫折和动气。说到动气，气生得大一点就叫愤怒。有人甚至愤怒到找对方理论，打电话把对方痛骂一顿，找人警告胁迫对方，或者干脆以拳头暴力解决。有些人还会摔东西、捶墙、踢桌子、大吼大叫、暴跳如雷。由此，情绪的平衡完全遭到破坏。

动气可以是炸弹，也可以是动力，主要是看我们如何对待。光动气是没有用的，关键是我们要争气，把愤怒转化为奋斗的力量。当我们的情绪不平衡的时候应该合理宣泄，疏导心中的怨气，使自己尽快走出阴影，轻松愉快地投入工作。我们只要合理地利用愤怒的能量，把它转化为行动，就会获得巨大的动力。

在生活中，很多逆境称不上不幸，只有没有能力应付突如其来的厄运才是最大的不幸。面对厄运你怎么愤怒、消沉、自暴自弃都是无济于事的；相反，如果你能化愤怒为力量，那么你就能成就大事，借厄运之机磨炼意志，扭转不利的局面，成为生活的强者。

3.高手如云，你只能让自己变得更强大

一位搏击高手参加比赛，自负地以为一定可以夺得冠军，却不料在最后的竞赛上，遇到一个实力相当的对手。双方皆竭尽全力出招攻击，搏击高手警觉到，自己竟然找不到对方招式中的破绽，而对方的攻击往往能够突破自己的防守。

他愤愤不平地回去找他的师父，在师父面前，一招一式地将对方和他对打的过程再次演练给师父看，并央求师父帮他找出对方招式中的破绽。

师父笑而不语，在地上画了一道线，要他在不擦掉这条线的情况下，设法让这条线变短。

搏击高手苦思不解，最后还是放弃继续思考，请教师父。

师父在原先那条线的旁边，又画了一道更长的线，两者相较之下，原先的那条线看来变得短了许多。

师父开口道："夺得冠军的重点，不在于如何攻击对方的弱点。正如地上的长短线一样，只要你自己变得更强，对方正如原先的那条线一般，也就无形中变得较弱了。如何使自己更强，才是你需要苦练的。"

大自然的法则就是物竞天择，适者生存，这是世人皆知的道理。而在现在的竞争时代，竞争的法则已从"物竞天择，适者生存"上升到"物竞天择，强者生存"。人们所欣赏的那些成功人物都是通过竞争和不断地创新而逐渐脱颖而出，成为各个领域的佼佼者的。

从香港渔村南丫岛闯到好莱坞的国际影星周润发，曾从事过不少

现在年轻人嗤之以鼻的工作，他以亲身经历向年轻人说明，职业不分贵贱，要学习适应逆境。

周润发说："工作无分贵贱，我做过电子厂的信差、门童与杂工，日薪8元我都做过。电视台第一份合约月薪500元，第二年700元，最红时拍电视剧《狂潮》，月薪也只是700元。那又怎么样？有工作寄托起码有奋斗心，不要说'贡献社会'那么伟大，但可以证明自己的存在价值。工作是人生经历，我的工作经历对演艺生涯十分有帮助，每个行业的人都要靠经验摸索成长。"

不要因为弱小而不敢与人竞争、不敢轻易创新。弱者有自己生存的方式，只要相信弱者不弱，勇敢面对敌人，我们同样能培养出竞争意识和自我创新力。

无论强者弱者都有一套适应自然法则的本领，只要你认真地生活着，不要过分在意自己的强大与弱小。只要拥有自己游刃有余的空间，充分发挥自己的优势，到那时，你的优势会弥补你的不足，你定能获得别人也许苦苦求索也无法得到的东西。

强者并不是天生的强者，他们的竞争意识与自我创新力并非与生俱来，而是后天的奋斗逐渐形成。激励自我，敢于竞争，敢于创新，有胆有识，你才能从强手如林的竞争队伍中胜出。

4.充电，给自己增强"底气"

这个世界是个竞争的世界，有人的地方就有竞争。你要问别人："竞争靠什么？"十个人有九个会告诉你："靠实力。"

实力不是凭空而来的，也不会自己生长，它就像是一棵树、一盆花，需要你不断地给它浇水、给它施肥，不断地为它补充成长所需要的养分。这个过程对于我们而言，就是学习。

古往今来，成功的人无不重视学习，也大都勤于学习、善于学习。李嘉诚在香港十大财团的排行中位居榜首，是一位名扬四海的超级富豪，在香港经济界占有举足轻重的地位。有一位外商曾经问他："李先生，您成功靠什么呢？"李嘉诚答道："靠学习，不断地学习！"

功成名就的李嘉诚都如此热爱学习，我们为什么不趁年轻赶快抓紧时间学习呢？

任何时候都不放弃学习。在学校里，所谓的通识课程往往会被学生视为营养学分，既不需要花脑力学习，老师也不会过多要求，仿佛大家只要把自己所打算专攻的科目学好就成了。

这些通识课程或许与我们未来的专业没有直接关系，但是这些课程却会影响到我们如何成为社会人。比如，一个学数理的学生，如果对于史地文学完全没概念，那么终究是会成为一个无趣的人。同样地，一个热爱艺术的学生，只有满脑子虚幻梦想，却完全不肯了解生活现实，最后也很难在社会中生存。

"书到用时方恨少"，我们永远不会知道哪些知识是我们需要的，哪些又是我们不需要的，只有不断学习，不断提升自己的知识结构，不断从书本中汲取营养，才能拓展自己的视野，才能增强自己的能力，才能应对不断变化的世界带给我们的挑战。

俗话说："工欲善其事，必先利其器。"学习也必须要把握一定的原则，掌握一定的方法。否则，乱学一通，不仅没有效果，学错了可能还有害。

那么，如何进行有效的学习呢？

第一，以弃为始。任何事物的发展都是个扬弃的过程，不抛弃落后的观念、不抛弃没用的东西，你的学习就没有效果，你就不可能学到真正有用、有价值的东西。

第二，以书为友。古人云："开卷有益。"一个喜欢学习、善于学习的人必定是与书为伴的，因为他们相信"书中自有颜如玉，书中自有黄金屋"。

第三，以人为师。孔子说过："三人行，必有我师。"善于学习的人从来都不肯放过每一位值得学习的"老师"。

其四，以用为本。学习没有用的东西是浪费时间，而学到有用的东西却派不上用场，浪费的就不仅仅是时间了，还有资源的浪费。实践是检验真理的唯一标准，学习必须以用为本，必须学以致用。

5.用别人的打压来鞭策自己

　　小草被野火全部烧没了，可来年春天，它们照样长了出来，并且越发茂盛；柳树虽被压住了顶部，但它们没有被顶端的砖块所压制，最终长成一排茂密的林荫带；蚂蚁们被一块硕大的玻璃门挡住了去路，于是，有些选择寻找新的出路，穿过一个小洞，而有些则通过千百次的掉落后，终于爬上玻璃门的顶端，过到了另一边；一条河挡住了一个人的去路，于是，他折了树枝造了木筏，划到河中间，木筏散了，他掉进了河里，更倒霉的是他根本不会游泳，就在快要沉下去时，他看到了一条鳄鱼，于是使劲扑腾，最终竟以惊人的速度游到了河对岸，从鳄口逃生……

　　人有着无穷无尽的潜能，也有着任何风雨都击不败的毅力。一棵轻轻一碰就能折断的麦芽，缘何能冲破坚硬的土壤，最终展露于阳光之下？就是因为那压制在它身上的黑暗，让它对阳光充满了渴望，并最终以超乎寻常的毅力冲破阻力，获得新生。

　　那么，面对那些打压我们的人时，我们是不是对成功有了更多的渴望，对超越对方有了更多期许？假如没有对方的压制，你还会因喘不过气来而奋起"反抗"吗？你会为了摆脱对方的压制，不断地修炼自己吗？你会为了"报复"对方，将他的职位取而代之吗？你会为了展现自己的才华，不断地去经营自己的人际关系吗？你还会为了不埋没自己，积极寻找一蹴而就的机会和助你成功的伯乐吗？更关键的是，你会知道自己有比上司更强大的优势吗？也许会，但并不强烈，也许知道，但并不想进一步证明。

百折不挠是一种精神，就像黄豆经历粉身碎骨后，最终变成可口香甜的豆浆一样，一个有百折不挠精神的人，无论他遭遇怎样的困境，身心受到多大的伤害，他最终都能将自己历练成一个刀枪不入的人，并历经千辛万苦达到自己想要达到的目的。

对于一个有百折不挠精神的人来说，没有什么问题是他所解决不了的，没有什么苦头是他不敢吃的，没有什么磨难是他不敢面对的。不过，人的这种精神不是生来就有的，而是在一点一滴经历不幸之事的磨砺下才产生的。就像穿高跟鞋一样，一块皮肉第一次被磨出了血泡，挑破结痂，第二次再破，等到同一块地方破上三四次后，皮肉就会变成死肉，那里已经没有了知觉，再磨也磨不出血来了。每个人的身心一开始都很脆弱，但是经历的磨难多了，受到的压制多了，遭遇的打击多了，慢慢整个身心就会变得坚强无比，并最终被磨砺得刀枪不入。

对于一个人来说，最痛苦的事莫过于能力得不到认可，甚至没有机会展现自己。可是越被人压制，我们越渴望自由，别人越想将我们埋在地底下，我们越想活到阳光里去；别人越不愿意发生的事情，我们就越愿意让它发生。在这种打压与反打压的过程中，我们的毅力得到了锻炼，使得我们不再畏惧任何困难。

但凡你想着难以容忍别人的打压，想着寻找机会摆脱对方的束缚，让自己变得更强大，你就会感谢打压你的人，是他让你百折不挠的精神有了苏醒，使得你不再畏惧任何人、任何事，也使你更加渴望成功。

6.可以输给别人，不能输给自己

在这个世界上，真正的失败只有一个，那就是被自己打败。

在人生的征途上，自己往往是通往成功的第一道屏障。别人认为你是哪一种人并不重要，重要的是你是否肯定自己；别人如何打败你并不是重点，重点是你是否在别人打败你之前，就先输给了自己。很多人失败，通常是输给自己，而不是输给别人。

我们奋斗在人生的旅程中，与天斗、与人斗，我们不轻易服输，相信只要自己努力就没有什么战胜不了的。然而，很多时候，面对恶劣的环境，面对天灾人祸，面对尔虞我诈，是我们在心理上先否定了自己，是我们自己选择了放弃，选择了失败。

人的一生总是在与自然环境、社会环境、家庭环境做着克服及适应的努力，因此有人形容人生如战场，勇者胜而懦者败；从生到死的生命过程中，所遭遇的许多人、事、物都是挑战的对象。但是，在所有的挑战者中，自己才是最顽强的敌人。

有时面对困难，我们常常退缩，理由是困难太大；面对竞争，我们常常逃避，理由是对手太强；面对责任，我们常常推卸，理由是担子太重；面对坎坷，我们常常……不错，人生有很多需要我们直面的问题，而我们用以逃避的理由也层出不穷。我们为什么不敢正视这一切？这是因为我们无法战胜自己内心的种种怯弱、担忧、自卑以及恐惧！

人的本性注定我们的内心有许多的不坚强；自己往往是最可怕的对手，是最难逾越的鸿沟。人生在世，要战胜自己很不简单，一般人得意就忘形，失意则自弃；春风得意时觉得自己就是命运的宠儿，落魄时觉得没有人比他更倒霉。唯有不受成败得失的左右，不受生死存亡等各种有形无形的拘束，才能心灵自由，才算战胜一切。

太多的时候，面对困境和灾难，我们选择的是听天由命，认为命运是不可选择和主宰的。然而，命运是掌握在自己手中的，命运完全能够被自己所征服。

只要你征服了自己，你就有能力战胜生活中的一切挫折、痛苦和不幸。把自己说服了，你会感到一种战胜自我的胜利；被自己感动了，你会体会到心灵的进一步升华；自己把自己征服了，你的人生便走向了成熟，迈向了成功。而这一切，都来自于你不轻易服输的倔强和信念。

打败你的往往不是外部环境，而是你自己。在生活的艰难跋涉中，我们要坚守一个信念：可以输给别人，但不能输给自己。

7.泄气的常用理由："不可能"

那些害怕失败的人，事先就在心里想象事情是不可能的，自己给自己画地为牢，正是这一点限制了他们自己。西方世界流传这样一句话："低估自己不是美德，而是一种罪恶。"

有这样一个寓言故事。一只母鸡在孵鸡蛋时孵了一只鹰蛋。小鹰自出壳之日起便跟小鸡一起长大，从没有认为跟小鸡有什么不同。有一天，小鹰仰天而望，看到有只鸟凌空翱翔，于是问："那是什么？"有只小鸡答道："噢，那是一只鹰，百鸟之王。""哇！但愿我也能像它那样飞翔！"小鹰满怀敬畏地说。"别妄想了，"小鸡说，"你不过是只母鸡，母鸡是飞不起来的。"闻此言，小鹰甚感沮丧和气馁，于是继续啄食，过母鸡般的生活。

生活中有实例。蔡元培任北京大学校长时，有一次和同学们谈话，他突然问："五加五等于几？"大学生们一下子愣住了，以为名望极高的校长所问必不寻常，一定有奥妙，一时间大家左顾右盼，都不敢应声作答。过了一会儿，才有一个学生小声而不无迟疑地嘀咕："五加五等于十……"蔡元培望着这名学生笑，点点头，说："对。大家不要盲目崇拜偶像，局限自己，要自信！"

杰出的权威科学家认为音障是不可能人为突破的。有些人甚至以为，在1马赫（飞行物在空气中移动的速度与音速之比）时飞行员与飞机将同时毁亡，或者飞行员将失声，或饱受摧残。但是1947年10月14日，美国飞行者查克·叶慈驾着贝尔航空X-11飞机，达到每小时1.06马赫（700英里）的速度，3天后提高到1.35马赫，6天后更是高达当时不可思议的2.44马赫，粉碎了人类无法突破音障这堵"看不见的墙"的神话。美利坚民族崇尚自由，富有冒险精神，强调自我奋斗，在任何时候，对任何问题，似乎从来没有统一过；但是美国人具有强烈的自尊心和自豪感，正如他们自己认为：American（美国人）一词最后四个字母拆开来便成为I Can（我能）！

强劲的竞争对手会使我们进步。比如，几个孩子住在一栋楼里，又同在一所高中读书，同时准备迎接高考，各自憋足了劲。学习间隙散步放松一下，看见人家灯光耀眼，就会联想到"开夜车"等，于是会告诫自己赶快回去做功课。又如，在奥运会马拉松比赛中，跑在"第一集团"的选手人数多，情况良好，你追我赶，往往可能出现好成绩，甚至刷新世界纪录。相反，选手实力差距较大，一人独自领跑，连运动场也不容易热闹起来。再如，一条繁华街路上，有几家规模大小差不多的饭店在营业，其中一家扩大规模，或者更新经营品种等，其他几家往往也会改变自己的规模和经营方向，最终可能推动经营水平的提高。

由此看来，敌人乃至竞争对手根本不足惧也不足恨。相反，他还会给予你刺激，促使你进步。于是，我们说，追求进步的人，抱着主动寻求良性竞争对手的心情，或者以主动的态度正视竞争对手，是有益无害的。

在现实生活中，许多人在屡屡去尝试成功，但是往往事与愿违，屡屡失败。几次失败以后，他们便开始泄气，不是抱怨这个世界的不公平，就是怀疑自己的能力，他们不是不惜一切代价去追求成功，而是一再地自我贬低，降低成功的标准。他们不断暗示自己的潜意识：成功是不可能的，这个是没有办法做到的。在这样的暗示下，他们丧失了进取的勇气，畏缩不前，从此再不可能取得什么成就。

一个人在自己生活经历和社会遭遇中，如何认识自我，在心里如何描绘自我形象，也就是你认为自己是个什么样的人，成功或是失败的人，勇敢或是懦弱的人，将在很大程度上决定自己的命运。因此，我们必须不断战胜自己和超越自己，不管遇到了多么严重的挫折，不论碰到了多么巨大的困难，都不会发生动摇。永不言败，不断拓展自己的生活空间。

　　只要用心，一切皆有可能。

8.勇气是通往成功的第一座桥梁

在面对各种挑战时，也许失败的原因不是因为势单力薄，不是因为智能低下，也不是没有把整个局势分析透彻，反而是把困难看得太清楚，分析得太透彻，考虑得太详尽，才会被困难吓倒，举步维艰。倒是那些没把困难完全看清楚的人，更能够勇往直前。

勇敢地面对挑战，像战士一样勇敢地面对工作中的一切艰难险阻，是我们每一个人应该具有的本色。在勇气面前，任何困难和挑战都是它的手下败将。

勇气，是通往成功的第一座桥梁。

每一个成功者都知道，在他们为之奋斗的目标中，绝不可能是一帆风顺的。前进的道路上总会有暗礁险滩，会有狂风恶浪，当然也有不顺心、不如意的时候，也会存在无所适从甚至胆怯的时候。但那或许只是一瞬间的事，他们从不会因此而退缩，更不会轻言放弃。

而没有勇气的人如同一只惊弓之鸟，事业上、生活中的任何一点点风吹草动和坎坷磨难，对他来说都是一场浩劫，一场无可避免的灾难，都是足以令他们惶惶不可终日的巨大恐惧。

美国第一大汽车制造商——亨利·福特在取得成功之后，便成了众人羡慕的人物。有的人觉得他是由于运气，或者是得益于有影响力的朋友的帮助，或者说他本身就是一个管理天才，或者他具有常人所认为的形形色色的"秘诀"——所以福特成功了。

事实上只要了解一下福特的行事风格，就可完全知悉他成功的"秘诀"。

多年前，亨利·福特决定改进T形车的发动机的汽缸。他要制造一个具有铸成一体的8个汽缸的引擎，便指示工程人员去设计。可是，当时所有工程技术人员无不认为，要制造这样的引擎是不可能的。虽然面对的是老板，他们还是一口回绝了这样的"无理要求"。

听完技术人员的介绍后，福特没有气馁，他用无可反驳的语气说："无论如何要生产这种引擎。"

"但是，"他们回答道，"这是不可能的。"

"我是绝不相信任何不可能的。去工作吧！"福特命令道，"坚持做这件工作，无论要用多少时间，直到完成了这件工作为止。"

被他的气势感染，负责技术的员工只好去工作了。如果他们要继续做福特汽车公司的职员，他们就不能去做别的什么事。6个月过去了，工作没有任何进展。又过了6个月，他们仍然没有成功。这些工程人员越是努力，这件工作就似乎越是"不可能"。

在这一年的年底，福特咨询这些工程人员时，他们再一次向他报告他们无法实现他的命令。"继续工作。"福特义无反顾地说，"我需要它，我决心得到它。哪怕它是一只老虎，我也有勇气擒住它！"

最后的情形是怎样的呢？当然，制造这种发动机不是完全不可能。后来这种发动机装到最好的汽车上了，使福特和他的公司把他们最有力的竞争者远远地抛到了后面。

福特的勇气给了技术人员必然成功的心态。他的勇气也让参与研制开发的人员没有任何退路可走。"置之死地而后生"，他们只能孤注一掷，只能成功。

敢于应对挑战的人就是在这样的情形下，把一个个奇迹变成了现实，把一个个不可能变为了可能。

一个人做事就是要具有福特那样的气概，怀有非凡的勇气、绝不罢休的气势，勇往直前者，才会无往而不胜。

9.做自己的观众，给自己鼓掌

在奋斗过程中，你总会有疲惫不堪的时候，甚至在遇到挫折的时候会有放弃的念头，这时候，你是需要一种力量的，这种力量能够支撑你继续努力，或者让你更有斗志，这就是来自你自我激励的力量。

阿赛姆是一个刚毕业的大学生，应聘到保险公司去做出售保险单的销售员。在两周的理论训练期间，他学到了不少东西，他在有了一些销售经验之后，就定了一个特殊的目标——获奖。要想做到这一点，他至少要在一周内销售100份保险单。到那一周星期五的晚上，他已经成功地销售了80份，离目标还差20份。这位年轻人下定决心：什么也不能阻止我达到目标。他相信：人在心里坚定地设想和相信某样东西，人就一定能用积极的心态去获得它。虽然他那一组的另一位销售员在星期五就结束了一周的工作，他却在星期六的早晨又回到了工作岗位。到了下午3点钟，他还没有做成一笔买卖。

这时，他记起了卡耐基的自励警句，满怀信心地把它重复五次："我觉得健康，我觉得愉快，我觉得大有作为！"

大约在那天下午5点钟，他做成了10个交易。这距他的目标只差10份了。他记起了成功是由那些肯努力的人所保持的。他又热情地再重复几次："我觉得健康，我觉得愉快，我觉得大有作为！"大约在那天夜里11点钟时，他疲倦了，但他是愉快的：那天他做成了20次交易！他达到了他的目标，获得了奖励，并学到一条道理：不断的努力能把失败转变为成功。

阿赛姆达到了他100份的目标，如果那时他想着算了吧，下次再完成，这次已经完成任务，就不要什么奖励了，那样就会给自己又找了条放弃的理由。所以，无论心中有多恐惧，一定不要让自己心如死灰。

永远地相信自己，这不是说说那么简单的。如果你真的能做到了，那么你离成功已经不远了。

人生需要鼓励和赞扬，许多人做出了一些成绩后，往往期待着众人的认可和赞许，其实别人的赞许大多难以符合你的实际情况或不能满足你真正的期盼。若要保护自己的自信心和成功的信念，不妨在恰当的时候给自己一些奖励。比如，你可以给自己定一个目标，然后每天坚持去做，等达到了这个目标，你可以送自己一个小礼品或请自己吃一顿美味。如果超过了这个目标，你可以安排自己去一个风景优美的地方度假娱乐，以此鼓励自己。

作家劳伦斯·彼德曾经这样评论一些著名歌手："为什么许多名噪一时的歌手最后以悲剧结束一生？究其原因，在舞台上他们永远需要观众的掌声来肯定自己，而从来不曾听到过来自自己的掌声。所以一旦下台，进入自己的生活时，便会备觉凄凉，觉得别人把自己抛弃了。"

今天你取得了哪怕一点小小的成就，都要记住对自己说："你干得太棒了。"这样，你的内心一定会被这种内在的诠释所激励。

鲜花诚然美丽，掌声固然醉人，但它们只能肯定某些人的成就，而无法肯定所有人的价值。

只要你真真实实地生活，活出一个真真正正的自我，那么即使所有的人都把目光投向别处，你还拥有最后一位观众——你自己，你还可以为自己鼓掌。

学着为自己鼓掌吧！每当你取得了成就，做出了成绩，或朝着自己的目标不断前进的时候，千万别忘了给自己鼓掌，来强化自己的信念和自信心。

10.你尽最大努力了吗

1946年，年轻的吉米·卡特从海军学院毕业后，遇到了当时的海军上将里·科费将军。将军让他随便说几件自认为比较得意的事情。于是，踌躇满志的吉米·卡特得意洋洋地谈起了自己在海军学院毕业时的成绩："在全校820名毕业生中，我名列第58名。"他满以为将军听了会夸奖他，孰料，里·科费将军不但没有夸奖他，反而问道："你为什么不是第一名？你尽自己最大努力了吗？"这句话使吉米·卡特惊愕不已，很长时间答不上话来。

但他却牢牢地记住了将军这句话，并将它作为座右铭，时时激励和告诫自己要不断进取，永不自满和松懈，尽最大努力做好每一件事情。最后，他以自己坚韧不拔的毅力和永远进取的精神登上了权力顶峰，他成了美国第39任总统！卸任后，吉米·卡特在撰写回忆录时，曾将这句话作为标题：《你尽最大努力了吗？》

在生活中，我们经常听到这样的话："我觉得自己已经尽了最大的努力，可惜结果却很令人失望。"说这话的人是否真的尽了最大的努力呢？未必！他们把做得有点累视为尽了全力，其实还远远未能充分发挥潜力；或者一曝十寒，并未时时努力。

正如台湾大企业家王永庆所说："天下的事情没有轻轻松松、舒舒服服让你获得的。凡事一定要经过苦心的追求经验，才能真正了解其中的奥秘而有所收获。"有压力感，觉得还不够好，做出苦味来才会不断进步，一放松就不行了。"事实正是如此，只是感到有一定压力，并不等于竭尽全力，"做出苦味来"才说明你已努力到十分。

　　人总是害怕超出自己想象的事情，认为那是不可能达到的，然而事实上，人的潜力是无穷的，只要你愿意挖掘，就会发现自己能够超越原来的自己。

　　著名作家柯林•威尔森曾用富有激情的笔调写道："在我们的潜意识中，在靠近日常生活意识的表层的地方，有一个'过剩能量储藏箱'，存放着准备使用的能量，就好像存放在银行里个人账户中的钱一样，在我们需要使用的时候，就可以派上用场。"如果我们在平常的日子里也能试着去挖掘自己的潜力，是不是可以比现在的自己在很多方面做得更好呢？

　　人的潜力有多大，谁也说不清楚，甚至自己也看不清，所以我们习惯了自己的现状，不想做出改变，也没有想过要去做些看起来自己做不到但是经过努力却能做到的事情。然而，当我们的生命受到威胁时，求生的欲望便能战胜一切在瞬间爆发大的能量，从而创造奇迹。

　　许多杰出人士在小小年纪时，就怀有大志，就想与众不同，无论遭遇任何磨难，仍相信自己是最好的。你是不是也有这样的信念，有屹立不倒的自信心呢？你的坚持有多强，你的自信就有多强，你的路就有多长。

　　在这个世界上，没有谁会轻易成功。在成功的背后总是隐含着许多感人的故事，你必须逼出自己的全部能量，然后才能心想事成。

　　人生在世，每个人都有自己独特的禀性和天赋，每个人都有自己独特的实现人生价值的切入点。你只要按照自己的禀赋发展自己，不断地超越心灵的羁绊，你就不会忽略了自己生命中的太阳，而湮没在他人的光辉里。

　　人的潜能是无限的，但是被挖掘出来的却很少，很大一部分原因是人们习惯了自己的现状，懒得去改变。只有在外界的刺激下不得不做出改变的时候，潜能才被爆发出来。

11.挫折面前不气馁，逆转命运靠争气

人类是自己思想的产物，所以我们应当有高标准，提高自信心，并且执着地相信必能成功，高标准会使你朝高处走。

每天给自己一个希望，就不会有时间去抱怨，去悲哀，生命就不会浪费在一些无聊的琐事上。

在成功者的字典里，是绝没有"绝望"一词的，因为他们不会轻易地否定自己，只知道等待自己的终将是希望，即使许多事情似乎已经到了绝望的边缘，他们也会冒险拼搏一下，为自己挖掘生存的希望。

即使在最绝望的时候也要扼守住最后的希望，并去做最后的拼搏和冒险，这样，就会多给自己一次机会。说不定，会因此而获得一个崭新的人生。

只要你不放弃希望，不放弃努力，就有可能获得重生的机会。

不要轻易地就对生活绝望，把灾难当作一所学校，把逆境当成营养，敢于为自己冒一个大险，结果可能是你抓住了机遇，营造了生命的春天。

怀有勇敢的拼搏精神，不对命运服输，不承认世界上有绝望之说，始终扼守着最后的希望，于绝望之处挖掘出希望来。

成功意味着许多美好、积极的事物。成功—成就，这就是生命的最终目标。

人人都希望成功，最实用的成功经验，那就是坚定不移的信心。可是真正相信自己的人并不多，结果，真正做到的人也不多。

　　大部分的人可能都认为自己不是个成功的人，而且也认为成功对自己来说是不可能实现的，说不定早已灰心丧气了。的确，成功的人不多，所以你或许是个不幸的人。但真正的事实却是：其实任何人都有成功的机会，只是想不想去获得它而已。因为你早已放弃成功的愿望，所以机会就弃你而去。

　　如果你想自己所做的事业能够成功的话，首先必须希望成功，相信会成功。

　　我们不能控制机遇，却可以掌握自己；我们无法预知未来，却可以把握现在；我们不知道自己的生命到底有多长，却可以安排我们现在的生活。

　　我们左右不了变化无常的天气，却可以调整自己的心情。只要活着，就有希望。

　　当我们的心中充满坚毅、勇气和信心时，那些束缚限制我们提升自我的因素将不复存在。

　　我们的生存状态并不能决定这一生的命运，真正决定我们命运的是是否对未来的生活充满了希望。当我们以乐观积极的态度面对自己的生存状态时，我们便开启了生命的原始动力。

12.将来的你，会感谢现在不放弃的自己

失败、挫折是不可避免的，但并不是不可战胜的。

不管做什么事，只要放弃了，就没有成功的机会。不放弃就会一直拥有成功的希望。

"锲而不舍，金石可镂，锲而舍之，朽木难雕"。金石比朽木的硬度高多了，不要因为它硬，你就放弃雕刻，那样等待你的永远只是失望。但只要锲而不舍地镂刻它，天长日久，也是可以雕出精美的艺术品来的。成功不也是这样吗？只要你努力地追求，"精诚所至，金石为开"。

成功，往往就在于失败之后再坚持一下的努力之中。

人们经常在做了90%的工作后，放弃了最后让他们成功的10%。这不但输掉了开始的投资，更丧失了经由最后的努力而发现宝藏的喜悦。

1956年哈默购买了西方石油公司。当时油源竞争激烈，美国的产油区被大的石油公司瓜分殆尽，哈默一时无从插手。1960年他花费了1000万美元勘探基金而毫无所获。这时一位年轻的地质学家提出，旧金山以东一片被德士古石油公司放弃的地区可能蕴藏着丰富的天然气，并建议哈默公司把它买下来。哈默重新筹集资金在被别人废弃的地方开始钻探，当钻到262米深时，终于钻出加州第二大天然气田，价值2亿美元。

也许你不比别人聪明，也许你有某种缺陷，但你却不一定不如别人成功，只要你多一份坚持，多一份忍耐，多一份默默等待。

没有失败，只有放弃，不放弃就不会失败。获胜没有什么其他秘诀，唯一的秘诀就是自己的不断努力。

1948年，牛津大学举办了一个"成功秘诀"讲座，邀请到了伟人丘吉尔做演讲。演讲开始之前，整个会堂就已挤满了各界人士，人们准备洗耳恭听这位大政治家、外交家、文学家的成功秘诀。终于丘吉尔在随从的陪同下走进了会场，会场上马上掌声雷动。丘吉尔走上讲台，脱下大衣交给随从，然后又摘下了帽子，用手势示意大家安静下来，说："我的成功秘诀有3个：第一是，绝不放弃；第二是，绝不、绝不放弃；第三个是，绝不、绝不、绝不能放弃！我的讲演结束了。"

说完后，丘吉尔便穿上大衣，带上帽子离开了会场。

会场上陷入一片沉寂中。但不一会儿，全场响起了雷鸣般的掌声。

坚守"永不放弃"的两个原则。第一个原则是，永不放弃；第二个原则是，当你想放弃时回头看第一个原则：永不放弃！

当你走了一千步时，也有可能遭到失败，但成功却往往躲在拐角的后面，除非你拐了弯，否则你永远不可能成功。

往往有许多人对失败的结论下得太早，当遇到一点点挫折时就对自己的工作产生了怀疑，甚至半途而废，那前面的努力就都白费了。唯有经得起风雨及种种考验的人才是最后的胜利者。因此，如果不到最后关头就绝不要放弃，永远相信：成功者不放弃，放弃者不会成功。

成功者与失败者并没有多大的区别，只不过是失败者走了九十九步，而成功者却多走了最后一步，即第一百步。失败者跌倒的次数比成功者多一次，成功者站起来的次数比失败者多一次。

练习心平静：增强信念力的八大方法

人生的道路并不平坦，随时都可能遇到挫折和不幸，给人带来心理上的压力和痛苦，让你郁闷、气恼。虽然我们不能避免所有的挫折和不幸，但我们却应当通过树立自信心，去对付挫折，疏导压力，驱散烦恼，最终战胜挫折，走向成功。

下面介绍日常生活中几种增强自信心的简易方法，你如能熟读这些原则，并有意识地努力实践这些原则，就一定能成为充满自信的人。

1.了解自己，认识自己

如果你想进行自我改造、自我管理，你就应首先了解自己，认识自己，根据自身的条件和实际的可能，使自己的长处得到发挥。这样，你就会感到自己并不比别人笨，你有不及别人的地方，别人同样有不及你的地方。自信心便会由此产生并不断增强。

2.自我激励

在遇到困难、挫折、打击、逆境而痛苦时，用伟人的言行、生活中的榜样和哲理来安慰自己，鼓励自己同逆境和痛苦进行斗争。自我激励是人们精神活动的动力源泉之一。

3.要做好坐在前面的思想准备

你大概已发现，不论是什么样的集会，总是后面的座位先坐满。许多人愿意坐到后排，那是因为自己不想为人注目，不想引人注意，这很多是由于缺乏自信心的缘故。你要反其道而为之，坐到前面去，给自己带来信心。

4.养成盯住对方的眼睛习惯

正视对方的眼睛，无异于在向对方说明，你所讲的我是懂的，你对于我不是居高临下，而是平等的，我对你并没有什么惧怕心理，我有信心赢得你的敬重。

5.把走路速度提高10%

心理学家认为人们通过改变自己动作的速度，实际上也可以改变自己的态度。如果你走路比一般人快，就像是在对世间这样说：我必须赶紧到很重要的地方去，那里有重要的工作非我去做不可，而且，在15分钟内我将出色地完成这一工作。

6.主动和别人说话

养成主动与人说话的习惯也很重要。越是主动和人谈话，信心就越强。以后与人交谈就越容易了。闭门独思、自我封闭的态度，无异于对自信心的扼杀。

7.默念一些经过时间检验的谚语来增强自信心

默念诸如"有志者事竟成""积少成多，聚沙成塔""黑暗中总有一线光明""错误是难免的""说不行的人永远不会成功"之类的谚语。在你开始怀疑自己的能力时，就去想一想这些谚语，并对之深信不疑。此时，自信心就会倍增。

8.保持本色，激发潜能

每个人都是自然界伟大的奇迹。因此，我们要保持自己的本色，这是激发潜能的重要通道，也是最大化自信的源泉，更是实现人生价值的必由之路。

只有那些对自己具有充分信心的人才敢于对各种人生险境进行挑战，在你心中燃烧自信火花的秘诀在于"仔细观察你的潜能所在，然后慢慢地在那个领域里求索"。

第十章

一辈子，三万天：不动气的活法

　　时光飞逝而去，光阴似水流淌。人生匆匆，不过百年；一辈子不长，不过三万天。如果我们成天为名利、名望而纠结烦恼，为工作、人际、生活中的不顺心之事动气、发怒，那我们的人生还有什么幸福快乐而言呢？

　　不抱怨，不苛求，不纠结，不动气，在纷纷扰扰的世界上，心灵当似高山不动，不能如流水不安。只有挣脱了心灵的枷锁，打破了心中的瓶颈，才能追求一份淡泊宁静，享受生命的美好。

1.匆匆人生一百年，想想动气有多傻

传说，上帝创造了亚当，对他说："你将会统治人间的一切生命，过上幸福无比的生活。"

然而，这么美好、幸福的享受仅仅是30年。亚当觉得时光太短促了，祈求上帝再给他增加几年。

上帝考虑了一下，答应给他找几个动物，看看它们能否把自己的寿命让出一部分来，送给亚当。

第一个出现的是驴子，上帝对它说："你命中注定要努力工作，身负重担，只能吃点草维持生命。"

驴子的寿命是40年，它说："我为什么要受那么多年的苦呢？20年足够了。"

亚当非常高兴地接受了驴子的礼物，这下，他能活50年了。

接下来，上帝又把狗叫来，对它说："你命中注定要成为主人的忠实奴仆，保护他和他的财产，而你只能吃到少量的食物，还要经常遭受拳打脚踢。"

狗的寿命也是40年，它悲哀地叫道："我为什么该吃那么多苦？一半的时间足够了。"

亚当欢呼雀跃地接受了狗的馈赠。这样，他就能活到70岁了。

最后上来的是猴子，上帝对它说："你命中注定要用两只脚走路，供人玩乐取笑，至于吃的东西，只是人们的一点施舍罢了。"

猴子的寿命是60年，它厌倦地撇撇嘴："为什么活那么长呢？30年就已经不短了。"

　　猴子把自己30年的寿命拱手送给了亚当，亚当欣喜若狂。从那时起，人就能活到100岁了。

　　这100年自然地分成四个阶段：

　　第一个阶段是从出生到30岁，这期间人们尽情地享受生活，身强力壮，过着自由自在的生活。

　　第二个阶段是从30岁到50岁，男人娶妻生子，东奔西走，为了生存，他不得不像驴子一样辛苦劳作。这就是20年驴子的生活。

　　第三个阶段是从50岁到70岁，他成为子女的奴隶，像一条狗那样，忠实地守护着儿女的财产，儿女们却有可能不许他上桌吃饭。这就是20年狗的生活。

　　第四个阶段是从70岁到100岁，此时的人牙齿脱落，皱纹纵横，孩子们经常追逐取笑他。这就是30年猴子的生活。

　　一个人从呱呱坠地到停止呼吸，有几十年甚至百年的生命历程，如果我们把人生看成行路，那么人生历程中每迈出一步，都会在生命的旅途中留下深深的脚印，这诸多脚印连缀起来，便是人的生命的长长轨迹。

　　现代社会，人生之路坎坷的时日居多，升学、工作、晋级、成家……哪一个环节都不可能一帆风顺，大部分时间人都在负重而行，领导同事的误会、工作上的摩擦、生活上的不如意都是令人难过的源泉，这时候，人就得有负重而行的心理承受力，否则不够宽容，不够豁达，不会变通，只知抱怨、动气、悲观，最终会把自己逼入死角。

　　人生不过百年，我们何必要让自己在名利之中折腾、为达不到的事动气烦恼呢？人生中最重要的东西是我们的生命，既然如此，那生命以外的东西还有什么是不能放弃的呢？只要把得与失的心态调整好，任何东西，当我们得到时，好好珍惜，而失去时，看破并放下，不苛求，不动气，生命的真谛其实就这么简单。

2.正视虚荣：在虚实幻影间寻找本真

世上有以金钱财富为荣者，有以职称名誉为荣者，也有以文凭服饰为荣者……然而，这些东西都不能表明一个人的真实价值。如果一个人不是通过自己的劳动和创造，为社会和他人作出自己应有的贡献，如果不是坚持正直、诚实、高尚的人格，那么一切财富、地位、职称、文凭、服饰，以及华而不实的"知名度"，都不过是掩盖其真相的假面具。

发光的并不都是金子。分清人生的真实和虚假，力求真实而高尚的人生。

古希腊有这样的传说：一名叫赫洛斯特拉特的牧羊人，为了出名，竟放火烧毁了阿泰密斯神庙。这就是所谓的"赫洛斯特拉特的荣誉"，就是常说的虚荣。

一般人都有一点虚荣心，这很正常。因为虚荣与人的自尊心有关。自尊心这个东西不太容易掌握。一个人的自尊心若是过强，或是走向极端，就很容易变成虚荣心，虚荣心给人带来的只有伤害。

英国哲学家培根和德国哲学家叔本华有两句格言："虚荣的人被智者所轻视，愚者所倾服，阿谀者所崇拜，而为自己的虚荣所奴役。""虚荣心使人多嘴多舌；自尊心使人沉默。"

从表面看，虚荣仿佛是一种聪明；从长远看，虚荣实际是一种愚蠢。虚荣者常有小狡黠，却缺乏大智慧。虚荣的人不一定少机敏，却一定缺远见。虚荣的女人是金钱的俘虏，虚荣的男人是权力的俘虏。太强的虚荣心，使男人变得虚伪，使女人变得堕落。

托马斯·肯比斯说："一个真正伟大的人是从不关注他的名誉高度的。"一个人不会因为自己的成就而傲慢，也就不会抱怨自己命运的悲惨。相反，追慕虚荣的自我卖弄，是一种腐蚀人类心灵的通病，没有人能够在一生中完全不受它的影响。

虚荣使人变得自负，误以为自己很了不起，可事实上并非如此。有些人遇事常常十分无奈，但还是拼命想出风头，结果什么也得不到。一旦真相大白，他们便无地自容，失去信心，放弃了使自己重新振作起来的机会，到头来，虚荣带给他们的只有失败。其实，这些人是在玩一场注定要失败的赌博游戏。

古语云："上士忘名，中士立名，下士窃名。"虚荣，也是一种"窃"。虚荣者，容易轻浮；轻浮者，容易受骗；受骗者，容易受伤；受伤者，容易沉沦。许多沉沦始于虚荣。虚荣很像是一个绮丽的梦，当你在梦中的时候，仿佛拥有了许多，当梦醒来的时候，你会发现原来什么也没有。既然如此，与其去拥抱一个空空的梦，还不如去把握一点实实在在的东西。

虚荣心重的人，所追求的东西，莫过于名不副实的荣誉；所畏惧的东西，莫过于突如其来的羞辱。因为害怕羞辱，所以经常活在恐惧中，经常没有安全感，不满足。而虚荣心强的人，与其说是为了脱颖而出、鹤立鸡群，不如说是自以为出类拔萃，所以不惜玩弄欺骗、诡诈的手段，使虚荣心得到最大的满足。问题是——虚荣心是一股强烈的欲望，欲望是不会满足的。

虚荣心所引起的后遗症，几乎都是围绕在其周遭的恶行及不当的手段。所以严格说来，每个人的虚荣心应该都和愚蠢等同。

虚荣的方式是多样的，正和海洋一样无限，从人种、身体到眼睛、鼻头，都值得人们自夸。虚荣是一种特性，它取攻势而不取守势，因此凡是虚荣感强的人，周围的人便都成为他的仇敌。他并不能从与他人交往中获取愉悦和帮助，反而时常和他的邻居、同事、好友甚至亲人发生冲突。虚荣虽然可以自欺欺人，但断乎欺骗不了自然，自然是不容任何侮辱的。

虚荣心已成为人性中根深蒂固、难以根除的心理弱点。那么，有什么方法能够趋利避害，把它利用到好的地方去呢？现代心理学家告诉我们，虚荣心完全可以利用。

当你视荣誉为虚无的时候，你的荣誉是实在的；当你唯利是图、视荣誉为至宝的时候，你的荣誉是虚无的。你没有荣誉时追求虚荣，虚荣可以助你，成为你生命的动力；你为了私欲而贪图虚荣，虚荣可以害你，成为你生命的累赘。所以，对于虚荣心，切不可从如何破坏它入手，而应该放在如何改善它、诱导它走向有用的地方去。

真正的成功人士，是不会因某些成就而沾沾自喜的；即便是为所成就的人和事物感到骄傲，也应该是心存感恩、健康的骄傲，而非华而不实的虚荣。虚荣心一旦形成后，它所结合的诸多不良的心态、习惯和行为，会让你只看得到眼前，离成功却愈来愈远。

3.正视欲望：知足才能常乐

这是一个物欲横流的社会，是一个欲望膨胀的年代，人们的心里总是塞满着欲望和奢求。追名逐利的现代人，总是奢求穿要高档名牌，吃要山珍海味，住要乡间别墅，行要宝马香车。一切都被欲望支配着，望的沟壑永远填不满。

扪心自问，这样的生活能不累吗？被欲望沉沉地压着，能不精疲力竭吗？静下心来想一想，有什么目标真的非让我们实现不可，又有什么东西值得我们用宝贵的生命去换取？

知足者才能常乐。所谓知足，是一种平和的境界。所谓常乐，是一种豁达的人生态度，是说这个人懂得取舍，也懂得放弃，更懂得适可而止，而不是说这个人安于现状，没有追求、没有目标。

人们追求的名、权、利皆是过眼云烟，是生不带来死不带走的东西，不应该把它看得太重。世界没有十全十美的人和事，知足可以让自己活得更加轻松，知足可以给他人少添很多的麻烦、气恼……

知足常乐并非阿Q精神，它是一种自我解脱，是调整情绪、取得心理平衡的安慰良药。拥有它，就会变得豁达开朗，心胸宽阔，而快乐也将会常伴你的左右。

有一首歌写得好：在世上有多少欢笑，能使你快乐永久？试问谁能支配将来，永远不必担忧？名和利哪天才足够，能使你满足永久？试问就算拥有了一切，谁能守住眼前的所有？享受生活、知足是真，因为心灵满足才是真正富有的人！

互联网上有这样一句话："我只看我拥有的，不去看我没有的。"虽然有点阿Q的意思在里面，但当我们面对无休止的欲望的时候不妨自嘲一下。当你回头望一望那些没有解决温饱问题的人的时候，你就会觉得，我们现在这样活着，有饭吃、有班上，就已经很幸福了。

所以——

如果早上醒来，你发现自己还能够自由呼吸，你就比在这一周离开人世的100万人更有福气。

如果你从未经历过战争的危险、被囚禁的孤单、受折磨的痛苦和忍饥挨饿的难受……你已经好过世上的5亿人。

如果你的冰箱里有食物，身上有足够的衣服，有屋栖身，你已经比世界70%的人富足。

如果你的银行户头有存款，包里有现金，你已经身居世界上最富有的80%的人之列。

如果你的双亲仍然在世，没有分居或离婚，你已属于稀少的一群。

如果你能抬起头，带着微笑，内心充满感恩，你是真的幸福——因为世界上大部分的人可以这么做，但是他们没有。

如果你能握着一个人的手，拥抱他，或者只是在他的肩膀上拍一下……你的确有福气，因为你所做的已经等同于上帝才能做到的。

知足者常乐。困境中知道寻求比上不足比下有余的平衡，从而满足自己的现状；珍惜自己的拥有，远离欲望的烦恼；品味人生的快乐，保持精神愉快，情绪安定，乐而忘忧。做到这些，你就是一个幸福的人。

4.正视权位：扰乱心绪的“身外之物”

常言道："权力、财富、地位乃身外之物。"如果因为它们而扰乱了自己的心绪，那么非智者所为。追求成功、名望本身并没有错，不过对于成败要以平和之心待之，这样才不会被成功迷失心智，丧失自我。

老子说："夫唯不争，故天下莫能与之争。"这句话的意思是，正因为不与人相争，所以天下没人能与他相争。可惜的是，2千多年来，能参悟和运用这一箴言的人如凤毛麟角。在名利权位面前，往往争得你死我活的，结果大都落得个遍体鳞伤、两手空空，有的甚至身败名裂、命赴黄泉。

江南有一个大家族，家族的掌门老爷有一大堆儿子。眼看自己一天比一天老了，他心想：这么大一个家当总得交给一个儿子来管吧。可是，管家的钥匙只有一把，儿子却有一大群。于是，儿子们斗得你死我活，不亦乐乎。这时，只有一个儿子默默地站在一边，只帮老爷子干事，从不参与争斗。争来斗去，老爷子终于想明白了，这把钥匙交给这群争吵的儿子中的任何一个，他都管不好。最后，老爷子将钥匙交给了不争的那个儿子。

追求权位的人希望有一天一掌遮天，力挽狂澜；追求财富的人希望自己富甲天下，纵横金融；追求名望的人希望自己高高在上，一世英名。然而，庄子却说道："众人重利，廉士重名，贤人尚志，圣人贵精。"追求这些浮名利禄不如追求一颗平和之心，任何东西皆生不带来死不带走、倘若能够看到生命的真谛，想必才能够真切地理解生命的意义，明白世间之事可以追求，但不可强求，得失随缘才是明智之举。

平和之心，贵在淡然。《道德经》中对于平和之贵也有过如此评价："宠辱若惊，贵大患若身。何谓宠辱若惊？辱为下，得之若惊，失之若惊，是谓宠辱若惊。何谓贵大患若身？吾所以有大患者，为吾有身，及吾无身，吾有何患！"古代的圣人告诉我们，如果对于荣华富贵和屈辱不能淡然对之，这不是圣哲之人的举动。要做到荣辱不惊，必须首先在心态上放平稳，不能仅仅因一些得失迷失了心智，做出一些后悔的行为。这些不明智的行为，小则影响一时，重则影响一生，可谓得不偿失。

有一颗平和的心，就要做到淡泊名利，分清是非，懂得生命中什么才是最珍贵的。不以物喜，不以己悲。得失随缘不仅仅是古人赞赏的一种精神，更是处于这个风云瞬变的时代所必需的一种心态。平静地面对风雨大浪、因果得失，才是成大事者的一种气魄。

人生在世，无论是面对荣华富贵、位高权重，还是面对穷困潦倒、失权失势，都要以一颗平和之心处之。有了千斗黄金，换不来诚心一笑；有了天下权势，换不来健康的身体。人生的价值在于活得快乐和幸福。然而，生命是否快乐和幸福是人的主观感受，一颗平和的心比一颗计较利益得失的心更容易看到幸福。

5.正视名利：淡泊人生一身轻

古语说："天下熙熙，皆为利来，天下攘攘，皆为利往。"利当然是社会发展最有效的润滑剂，但不可过于看重名利，过于为名利奔波不休。随着商品经济的发展，我们每个人都生活在讲究效益的环境里，完全不言名利也是不可能的，但应正确对待名利，最好是"君子言利，取之有道，君子求名，名正言顺"。

我们的心灵有着太多的负重，有得到，就会有失去。然而，倘若你紧紧抓住失去不放，得到就永远也不会到来。放下失败，抓住成功，就可以让生命重放光彩。而这一切，需要你有一颗淡泊名利得失、笑看输赢成败之心。

如果你每天骑着单车上下班，回家到菜市场购物一番，之后做几盘可口的家常菜，和家人孩子一起享受天伦之乐。庆幸吧，你平淡的生活充满着无比的幸福！当你忙里偷闲与爱人、孩子一同去逛公园、去看场电影、去搞一次野炊时，我相信我们都会懂得，生活其实有很多内容。我们大可不必为了一个出国名额而彻夜不眠，大可不必为一次职位的晋升而寝食难安。在平日忙碌而充实的生活中，你忙你便有所收获；你岗位平凡但你乐在其中；你斗室而居，但衣食自足。你普通，普普通通如一颗草；你平凡，平平凡凡如一朵花，但你同样可以骄傲，默默绽放的花朵也会芳香怡人！有了这份平淡的处世心态，你就会在简简单单的生活中快乐地生活。

也许你没有辉煌的业绩可以炫耀，没有大把的钞票可以挥霍，但你拥有淡泊，这便是人生求之难得的幸福了。诸葛亮有言："非淡泊无以明志，非宁静无以致远。"淡泊是一种真我，是英雄本色。追求淡泊者，生活的道路上永远开满鲜花，永远芳香四溢；追求名利者，生活的道路上会遍布陷阱，只能在生命终结的一刹那体会到稍纵即逝的一丝快乐。

人生的大戏不可能永远处于高潮，平平淡淡才是真，拥有淡泊之心，便能拨云见日，体会到生活的真正内涵，否则，只能在生活的边缘徘徊，只能是舍本逐末。

学会淡泊，拥有淡泊，学会和拥有了淡泊，你就能在当今社会愈演愈烈的物欲和令人眼花缭乱、目迷神惑的世间百态面前神宁气静；你就会抛开一切名缰利锁的束缚，在人生的大道上迈出自信与豪迈的步伐，让心灵回归到本真状态，从而获得心灵的充实、丰富、自由、纯净。

我们需要以清醒的心智和从容的步履走过岁月，其精神中必定不能缺少淡泊。虽然我们渴望成功，渴望生命能在有生之年划出优美的轨迹，但我们需要的是一种平平淡淡的快乐生活，一份实实在在的成功。这种成功，不必努力苛求轰轰烈烈，不一定要有那种揭天地之奥秘、救万民于水火的豪情，只是一份平平淡淡的追求，足矣。

6.正视名望："红得发紫"与"名不见经传"

　　"慕名"几乎已成了现代人的通病，然而令人忧心的是，根据心理学家的调查，由于现代人对名利的期许过高，一旦自己没有办法达到预想的目标，便容易否定自己，陷入忧郁的境地；而看到别人爬上高峰，心中的妒恨就会源源不绝地出现，被这样的念头折磨，便很容易出现脱轨的行为举动。

　　翻遍了人类史册，像爱因斯坦这样"平地一声雷"享名于世界的人，确实是一件不可思议的事情。最值得惊异的是，以一个"数学教授"的地位，竟能如此"走红"，成为全球报章刊物的重要资料；以"科学家"身份，竟能如此闻名遐迩！

　　更令人惊奇的是，爱因斯坦的名字虽然早已"红得发紫"，可他自己竟然"还不知道"，直到后来他突然"发觉"了，在答复新闻记者询问时，他还说他"成名"得连他自己都"莫名其妙"。

　　这样一名"世界红人"，除了科学之外，竟然没有一件事物可使他过分"喜爱"，而且他也不过分"讨厌"哪一件事物。

　　大多数人所孜孜追求的名声、富贵或奢华，他都看得非常轻淡，这样的爱因斯坦也因此留下了无数佳话。

　　据说有一次，某艘船的船长为了优待爱因斯坦，特地让出全船最精美的房间等候他，谁想到竟被他严词拒绝了。他表示自己与他人无异，所以绝不愿意接受这种特别优待；正是由于这种虚怀若谷、执着而又坦然率真的人生态度，难怪他一直都是许多人敬佩的对象。

　　观察目前社会上，那些口口声声谈装扮、标榜个性风格的年轻人却多半也穿着路边摊上的衣服，每个人都像穿制服似的，并无什么特色可言。就好像打着宣传广告说"我崇尚流行"，而实际上却没有自我一般，如此的流行便意味着盲目，更是种浪费。

毫无疑问的，创造流行，使之蔚为风尚，可引人财源，但是追随流行者，花钱必形同流水。因流行如巨轮不断向前转，追随者必须不断跟进才行，追求流行者不能存，道理即在此。

英国摇滚乐队披头士的发型曾经风靡一时，我们认为约翰·列侬们当初可能是因没钱上理发厅而蓄长发，本意不在引人模仿，他们所企盼的是摇滚乐能成为旷世之音，而无意插柳柳成荫，其披肩的长发竟也成为注目的焦点。其成为乐坛巨匠，是因为对音乐的狂热和不同流俗的胆量，他们的流行是走在时代前端的，不同于一味地模仿。

我们容易陷入名利的陷阱，犹如夸父追日般，看着光芒四射的朝阳却永远追寻不到，只拥有疲累与无尽的挫折。如果我们不必抬头非要争取一线炫目的光芒，也许在转身的那一刻忽然发现，其实早已有七彩阳光照耀在我们身上了。

7.正视福泽：平淡中体会幸福滋味

常听身边的人抱怨命运的不公、生活的平淡；幸福对我们来说，似乎是一种太奢侈的东西，如同海市蜃楼一般，可望不可即。直到有一天，读到享誉全球的大教育家苏霍姆林斯基的这样一个故事：曾在一个春天，他和他的学生们共同买了一条小木船，然后划到一个荒无人烟的小岛上去探险。可能有人会想，作者想借这些事例来炫耀自己特别关心孩子。教育家写道："不对，买船是出于我想给孩子们带来快乐，这时我就是最大的幸福。"

一个欲离婚的女子厌烦了现有的琐碎生活，但她一直对其外祖母的幸福和谐生活充满好奇。有一天，她终于忍不住打开了外祖母的日记，里面记录着外公为她洗了多少衣服，吻过她多少次，洗过多少次脚……原来生活中的琐屑小事便是幸福的源泉。

生活中原来时时刻刻充满了幸福，这幸福来自于生活的细枝末节，只有用心去品味，幸福同样有色有香，同样可观可闻可吃可品。

幸福不是金钱的多少，更多的是一种感觉，一种你认为幸福你就幸福的感觉。早晨睁眼看到美丽的朝阳，鼻子嗅到清新的空气，那么你是幸福的；在公司里出色完成任务，受到老板表扬，赢得同事们的尊重，那么你是幸福的；下班回家，看到桌子上香甜可口的饭菜和孩子优秀的成绩单，那么你是幸福的；晚饭后陪同爱人和可爱的孩子在公园中散步，享受天伦之乐，那么你是幸福的。生活中令你幸福的事很多，只要你细心观察，用心体味，就会发现有许多乐趣包含其中。

著名作家毕淑敏的《提醒幸福》中有这样一段话可以很好地诠释

幸福："幸福绝大多数是朴素的，它不会像信号弹似的，在很高的天空闪烁红色的光芒。它披着本色的外衣，亲切温暖地包裹起我们。"

如果你是一个悲观的人，那么幸福对你而言就太陌生了。早晨家人叫你起来享受美好舒心的空气，分享幸福。你会觉得"早晨"天天有，何必这样珍惜。可当你重病在身，想享受早晨的美好时，早已力不从心。你会发现你放走了一个幸福。工作时出色完成任务，受到大家的赞赏，而你却不以为然，认为自己还能完成更出色的任务。可你太高估自己，一味追求更高，导致以后无所作为，你才会想起自己以前愚蠢的想法，会发现你又放走了一个幸福。

也许你现在不会觉察到，那再过30年、40年、50年，再回头看看自己曾经走过的路：脚印是那样轻浮、曲折，并无情碾碎了一朵又一朵的幸福之花。

幸福如一杯温热的茶，置于你面前的桌上，或者平淡，或者浓烈，也或者居于两者之间。关键是品尝者的心境。一饮而尽者，肯定尝不出个中滋味。如果坐下来细品，其中的苦与甜便从我们的感觉中充分流露出来。

幸福是一种态度，它出现在某一时刻，不是在"有一天……"。我们如果爱上现在所有的日子，我们会幸福得多，而且会得到更多的幸福和快乐。

不同的人有着不同的幸福，与其羡慕别人的幸福，不如守候和修炼自己的幸福。对于那些容易满足的人来说得到幸福时刻便多些。对于那些有大的期盼的人来说，总觉得自己不够幸福，或者幸福根本就没有降临到他（她）的身上。其实，幸福是个很简单的东西，准确地把握瞬间来到你身边的暖流，这就是幸福。

8.正视生命：生活所赐皆感恩

不论前路如何，我们都要尽情享受生命呈现给我们的一切。

人生是个大课堂，各种各样的知识摆在你面前，任你吸收，任你挑选，在这座宝库里你可以取己所需；人生好似一张白纸，尚待描摹喷绘，你可以按自己的意愿走出一条成功的轨迹；人生又如一杯白开水，你既可细品其自然之味，也可按己要求，或泡上龙井，或冲兑牛奶，或加入咖啡……

享受生命，我们要乐观豁达。生活的压力常常让我们承受过多的重负；复杂多变的社会现状往往又给我们带来种种挫折和磨难。要想立足生存，要想长足发展，若无乐观，则极易消沉自己，磨蚀锐气，百无一用；若无豁达，则会自缚手脚，自我囚禁，难得片刻闲暇，为己所累。因而，积极向上、虚怀若谷实为生存上上之道。

享受生命，要有快乐的心境。面对任何的困难和挫折，付之一笑，工作的压力和学习的烦恼都随心情舒畅而烟消云散。晨起跑跑步，打打拳，踢踢腿，时时邀约三五好友或互畅心曲，或下棋看戏，或游泳钓鱼，或登山涉水，放松心情，放飞心灵，学会调解，何忧之有？

享受生命，要学会欣赏。班尼迪克特说："受人恩惠，不是美德，报恩才是。当他积极投入感恩的工作时，美德就产生了。"王永彬《围炉夜话》云："观朱霞，悟其明丽；观白云，悟其卷舒；观山岳，悟其灵奇；观河海，悟其浩瀚。"因而，保持一种审美的态度去看待世间万物，你会发觉生活异常美好。

正如康德所说："在晴朗之夜，仰望天空，就会获得一种快乐，这种快乐只有高尚的心灵才能体会出来。"

每天睡觉前花一点时间去想一想，今天有什么让自己感激的事，比如，父亲的一句叮咛，母亲的一顿早餐，妻子的一个微笑，邻居的一声问候，这些都是生命中爱的体现，都是值得我们感激的。如果我们能够感受到其中的爱，便会充满感恩之心，我们的生活也就变得可爱、美好而充实。

9.正视生活：简单是生活的真谛

在这个纷繁复杂的社会中，我们感到实在活得太累了。一道道人生难题摆在我们的面前，需要我们去破译、去求证、去解答、去挣扎。一个人的智慧和力量毕竟是有限的，面对一张张生活的大网和一团团乱麻的人生，我们往往显得力不从心，甚至有一种贫血的感觉。

其实，人生本来有很多种选择，也有很多种活法，但我们往往过于追求完美，把原本很简单的事情搞得复杂化，因而常常被弄得很苦很累很浮躁。比如说，同是生命的个体，本是相互平等，却非要仰人鼻息，察人脸色，揣人心事，日子过得诚惶诚恐、没滋没味。本来是很容易处理的一件事，却总是谨慎有余，小心翼翼，生怕因此触动了那张敏感的关系网。一次又一次，面临人生途中的一些选择，我们本不需要动太多脑筋，却非得瞻前顾后，左顾右盼一番不可，结果丧失了最佳时机，到头来后悔不迭……

活得简单些，是人生的最深内涵。

对待得失，我们不妨简单一些。生活对每个人都是公平的，有得就有失，有失就有得，塞翁失马，焉知非福，得与失是可以相互转化的。只要拥有一颗平常心，去善待生活中的不平事，与世无争，知足常乐，少一分嫉妒，多留一些时间和精力做自己喜欢的事，命运的光环自然会降落在你的头上。即使命不由人，也不必斤斤计较，你走你的阳光道，我过我的独木桥，你有你的活法，我有我的活法，眼睛里何必揉进一粒难受的沙子。抛去名利，放开权欲，用简单的心走过自己轻松而快乐的人生。若干年后，当我们回味起来，就不会感到寂寞，不会牢骚满腹、怨天尤人。

在是非面前，我们也不妨简单一些。社会是一盘杂菜，什么货色都有，个中是非众人自有公论，道德自有评价。对此，我们不必去理会谁在背后说人，谁在人前被人说，也不必理会谁投来的一抹轻蔑，谁射过来的一瞥白眼。对那些微妙的人际关系，我们不妨视而不见，充耳不闻，排除一切有形或者无形的干扰，不必计较自己是吃了亏还是占了便宜。只要拥有一颗正直的心，忧国之所忧，想己之所想，不损国家，不谋私利，把家与国统一起来，我们心中的阴霾就会一扫而空，心境也会因此变得日益明朗和愉快起来。

在待人处世方面，我们也不妨简单一些。我们总是生活在一定的社会环境中，每天都要和各种各样的人打交道。对家人，对同事，对邻居，对朋友，其交往的程度还是平淡一点好。君子之交淡如水，何必纠缠于那些不胜其烦的繁文缛节之上。只有脱去一切伪装，善于真诚待人，相互宽容，相互帮助，心灵不设防，不要两重人格，有快乐共同分享，有困难共同分担，人与人之间才会架起一座理解与信任的桥梁，人间的真情才会开出绚丽的花朵。

生活是丰富多彩的，如晴空，如白云，如彩虹，如霞光，只要我们以简单之心去面对复杂的世界，生活的琼浆便会汩汩而出，酿造出最甜最美的生活之汁。

人的社会性决定了每个个体生命都要经历一定的人和事，这就要求我们必须有正常的心态和驾驭生活的能力。其实，这个世界并不复杂，复杂的是人本身，只要我们心想得简单一些，生活的天空便一片明媚。

▨ 练习心平静：淡定的活法

斩除过多的欲望，将一切欲望减少再减少，从而让真实的生活浮现。这样，你才会发现真实的、平淡的生活才是最幸福的。拥有这种超然的心境，你就能做起事来不慌不忙，不躁不乱，井然有序；面对外界的各种变化不惊不惧，不愠不怒，不暴不躁；面对物质引诱，心不动，手不痒。没有小肚鸡肠带来的烦恼，没有功名利禄的拖累。活得轻松，过得自在。白天知足常乐，夜里睡觉安宁，走路感觉踏实，蓦然回首时没有遗憾。

人世间，幸福不在于你拥有的多，而在于计较的少。幸福需要我们自己去寻找、创造。创造幸福人生，可用以下方法。

1.精神胜利法

这是一种有益身心健康的心理防卫机制。在你的事业、爱情、婚姻不尽如人意时，在你因经济上得不到合理对待而伤感时，在你无端遭到人身攻击或不公正的评价而气恼时，在你因生理缺陷遭到嘲笑而郁郁寡欢时，你不妨用阿Q的精神调适一下失衡的心理，营造一个祥和、豁达、坦然的心理氛围。

2.难得糊涂法

这是心理环境免遭侵蚀的保护膜。在一些非原则性的问题上"糊涂"一下，无疑能提高心理的承受能力，避免不必要的精神痛楚和心理困惑。这层保护膜会使你处乱不惊，遇烦不忧，以恬淡平和的心境对待生活中的各种紧张事件。

3.随遇而安法

这是心理防卫机制中一种心理的合理反应。培养自己适应各种环境的能力，遇事总能满足，烦恼就少，心理压力就小。古人云"吃亏是福"。生老病死，天灾人祸都会不期而至，用随遇而安的心境去对待生活，你将拥有一片宁静清新的心灵天地。

当然，创造幸福不仅仅只有以上方法，重要的是我们在生活中、工作中，要有一种平和、坦然、淡定的心理。牢记以下5条：

（1）承认弱点。人无完人，金无足赤，要承认自己的弱点，乐意接受别人的建议、忠告，并有勇气承认自己需要帮助。

（2）吸取教训。面对失败和挫折应该从中吸取教训，勇往直前。

（3）有正义感。在生活中诚实和富有正义感，朋友们就会乐于帮助你。

（4）能屈能伸。对待人生应该是处之泰然，人的一生会遇到意想不到的打击或其他不幸，要客观对待、随遇而安。

（5）热心助人。乐于帮助别人，与人关系融洽，自然就会受人尊敬。